ジャン・ドゥーシュ

進化する遺伝子概念

佐藤直樹 訳

みすず書房

LE GÈNE

Un concept en évolution

by

Jean Deutsch

Foreword by Jean Gayon

First published by Éditions du Seuil, 2012

進化する遺伝子概念　目次

本書をピョートル・スロナンスキ先生に捧げる

序文

ジャン・ドゥーシュが『進化する遺伝子概念』というタイトルで著したこの本を読むと、二十世紀における二人の優れた生物学者を思い浮かべずにはいられない。フランソワ・ジャコブとスティーブン・ジェイ・グールドである。この二人はいずれも思想史に第一級の足跡を残した。そして彼らと同様ジャン・ドゥーシュも、科学史が科学の片手間にやる程度の仕事、つまり本来の科学的活動とは無縁の価値しかない仕事などとは考えていない。

科学史の研究をする理由には以下の六つがあるが、そのいずれに関しても、二十世紀の非常に優れた学者が主張や意見を十分に述べたものである。[1] まず、科学史は科学哲学にとって本質的であり、その経験的基礎をなすものである。次に、科学史は教育の役にも立つ（ピエール・デュエムの考えでは、科学を教えるための効果的な手段である）。また、科学史は、理系的文化と文系的文化とを調和させる努力として脚光をあびた学問でもある。第四に、第二次世界大戦後は、科学史は政治的に重要な役割を負わされ、一面では科学研究の有用性を大衆に納得させるために、また逆の一面では、科学が実用

1　この点については、Helge Kragh（1987）, *An Introduction to the Historiography of Science*, Cambridge University Press.chap. 3.《 Objectives and Justification 》, p. 32–50. の興味深い意見を参照のこと。

的にも思想的にも利用できるという注意を大衆に喚起するためにも利用された。第五番目の、そしてたぶん一番古くからある理由は、科学史が科学的な活動それ自体の役に立つということで、たとえば新たな発見の道を拓くとか、科学者が自らの知的活動に関して批判的になれる（例としては、後述するエルンスト・マッハの立場などがある）とかである。最後の第六番目の理由は、過去の科学を知ることがそもそも興味深いということである。確かに表面上は、昔の科学がとくに有用に見えないとしても、科学の過去、すなわち時間をかけて現代文明の非常に重要な屋台骨 dimensions の一つを生み出したものに関して知ることは、端的に言って魅力的である。いろいろな分野の科学の歴史について、これら六つの理由には、共通に当てはまるものもあれば、そうでないものもあろうが、ジャン・ドゥーシュはそのいずれもうまく取り入れているように見え、また少なくともその経歴の中でそれぞれを実践してきた。フランスの生物学者で、彼ほど科学史の教育上の有用性に理解を示した人はいないし、また彼が科学史に対してますます興味を深めたのには、きっと政治的な考えもあったのであろう。

それでも、上に挙げた五番目の理由、つまり科学史が科学的知識それ自体にとって有用であるということこそが、本書を執筆した主要な目的であろう。この理由付けは専門の科学史研究者からはしばしば軽視されるが、私に言わせればそれは正しくない。フランソワ・ジャコブやスティーブン・ジェイ・グールドという二人の例を挙げるまでもなく、ジャン・ドゥーシュもまた、科学史は科学そのもののためにきわめて重要だと考えている。その理由は、ある考え方の歴史を遡ることによって、科学におけるいろいろな考えが永遠の真実というわけではないことを知り、科学には繰り返し困難が訪れることをよりよく理解できるようになるからである。ジャン・ドゥーシュによる遺伝子概念の歴史のていねいな再構築をたどっていくと、物理学者エルンスト・マッハが『力学』の中で次のように書いていることがまさに当てはまるように思える。「もしもある科学を構成する原理の総体が、ろくに理解できない知識体系やただの**偏見** *préjugés* の体系へと徐々になり下がってしまうことを望まないのなら、その科学がどのように発達してきたかという歴史を研究することが不可欠である。現実の科学の一部には**因習** *conventionnel* や**偶然** *accidentel* が含まれていることを、こうした歴史的研究が示すことによって、現実の科学の実態がよりよく理解できるようになるばかりでなく、まったく新たな可能性を生み出すこともできるのである[1]」

私の述べたことについて誤解しないでいただきたい。ジャン・ドゥーシュはたぐいまれな教育者であり、遺伝学についての多くの著作をものしている。彼はまた科学を愛することを大衆に訴えかける優れた語り手でもあり、文化の普及につとめた人に贈られる賞を得ている[2]。とはいうものの、遺伝子概念の歴史と現状に関する本書では、歴史の理解を通じて、今日の遺伝学者に不可欠となっている「遠くから批判的に見る」ことを実現させることがなによりも問題となっており、それはかつて力学の分野の歴史でも幾度となく必要とされたことであった。今度は遺伝学者ジャン・ドゥーシュが、そ

1　E. Mach (1987), *La Mécanique. Exposé historique et critique de son développement*, Paris, éditions Jacques Gabay, p. 249.『マッハ力学史　古典力学の発展と批判』岩野秀明訳、筑摩書房〈ちくま学芸文庫〉、二〇〇六年

2　J. Deutsch (2007), *Le Ver qui prenait l'escargot comme taxi, et autres histoires naturelles*, Paris, Seuil.（ジャン・ロスタン賞受賞）

の全研究生活を通じて実践してきた科学について振り返る番である。

本書が放つ特異な光は、プロの遺伝学者でも歴史学者でも、認識論研究者でも一般読者でも、読む者の目をきっと大いに惑わすであろう。読者にはこうしたさまざまなタイプの人々がいるにしても、ジャン・ドゥーシュはまさにこうした読者それぞれに語りかけるのである。遺伝学者に向かっては、遺伝子の概念はもはや古いのだと言って、華々しい遺伝学という共通の場所から遠ざかることを命じる。彼によれば、遺伝子とは拙速な概念であり、理論的に矛盾だらけなのだ。科学史研究者に対しては、現在の科学論争や知識の核心にまで迫る概念の歴史の全体を、なぜいまあえて蒸し返さなければならないのかを、見事に示している。一般読者に対しては――本書の対象となる膨大な歴史的・科学的知識を前にすれば私たちはみな一般読者なのだが――とくに難しい疑問を理解するまたとない機会を提供してくれている。しかし一般読者も努力することを覚悟しなければならない。というのも、本書はきわめて精確で厳密だからである。そのため、文章を何度も何度も繰り返して読む必要があろう。認識論研究者から見ると、遺伝子概念の規約に関する哲学者と科学者との微妙な論争、つまり遺伝子の定義や遺伝学的決定論などの論争について、著者が無関心であることに、きっと多少とも驚くであろう。しかしそうした学者でも、著者がその歴史的な話題を次第に大胆な理論的立場へと導いてゆく心遣いには魅了されずにはいられないであろう。結局、本書の著者が、何よりも自分独自の科学に基づいた考え方を述べようとしていることを、どんな立場の読者も速やかに理解するであろう。

このあまり一般的でない本のなかに、読者は何を見いだすのだろうか。まず、遺伝学の歴史を織りなす挿話の長いつらなりに焦点をあてた全体像がある。これらの問題を研究する科学史研究者は、しばしばよく知っている事実があることに気づくだろう。しかしまた、現代に近づくにつれて次第に姿を現す理論的命題を準備するかのように著者が仕掛けた道標にも気づくだろう。とくに注目されるのは、**因子** *facteur*（または**要素** *élément* つまり後に「遺伝子」と呼ばれるもの）と**形質** *caractère* とを区別するために、メンデルが果たした主要な寄与について、著者が強調している点である。著者自身も述べているように、この区別は多くの科学史研究者の目には明らかではなく、二十世紀初めの多くの遺伝学者がこの区別を理解していなかったこと、遺伝学が発展するにつれてその区別の重要性が次第に増してきたことなどについて語りながら、著者はこの区別が厳然と存在することを示している。

分子レベルでの遺伝子概念の出現に非常に重要な役割を果たし、結局はコード領域としての遺伝子概念を切り崩すことになる、シス－シスやシス－トランスの効果[1]に関する数多くの掛け値なしの発展について、遺伝学の歴史の研究者はとくに考える必要があるだろう。本書の第三章（「染色体上の遺伝子」）の一部はこの問題に割かれており、この問題がいかに難解で直観的なものではないかを知るプロの遺伝学者ならではの文章である。遺伝学の歴史の中では最も解決が難しく、この分野の教育においても最もデリケートな問題の一つであったこの問題が、ここでは見事に議論され、とくにその理論

1　これらの用語は、遺伝子間や遺伝子要素間での相互作用を指している。シス－トランスの効果は、相同染色体のそれぞれに別々に存在する要素間で起きる。シス－シス効果は、同じ染色体上にある要素間で起きる相互作用である。たとえば、ある遺伝子や遺伝子群に隣接する調節配列はその遺伝子（群）の発現を調節しているが、これはシス－シス効果である。この例が簡単なものに見えるとしても、それは「調節配列」について今日われわれが理解するようになったためである。

的意義が十分に明らかにされているとさえ言っておけば、私としては十分である。

しかし本書の最も重要な転回点をなすのは、おそらくフランソワ・ジャコブとジャック・モノーのラクトースオペロンのモデルに関する著者の深い考察であろう。私の個人的な思い出を披露することをお許しいただきたい。一九八四年にボストンに滞在したとき、進化の総合説の発展に非常に大きな役割を果たしたエルンスト・マイアと時間をかけて対話する機会を得た。意見交換をしていたあるとき、私が訊こうとしていたテーマとは関係なく、マイアが私に言った、「フランスには二十世紀を代表する偉大な生物学者がいます。それはフランソワ・ジャコブです」。この表明に、一瞬、私は狼狽してしまった。それは私のそれまでの知的関心がむしろイギリスやアメリカに向けられていたことを絶望的に感じたためであり、私自身、ラクトースオペロンモデルが生物学理論一般に対して持つ意義について通じていなかったためでもあった。この発見がいかに重要であったかについて、ジャン・ドゥーシュは明快に説明し、それをはっきりと「革命」と呼んでいる。それによれば、ジャコブとモノーよりも前の遺伝学はすべて、「因子」つまり遺伝子を単独で考えるだけだった。確かにどの遺伝子もそれだけで表現型の必要十分条件とは言えないことは、みな知っていた。しかし、遺伝子型から表現型につながるしばしば複雑な代謝の連鎖において、遺伝子間の相互作用は遺伝子の下流で働いていると考えられていた。さらに遺伝子の位置がその発現に影響することがあるのも、位置効果として知られていた。しかしこの効果の詳しい性質はまったく謎のままだった。ラクトースオペロンモデルにおいて初めて提示されたのは、遺伝子が遺伝現象における原子としてその効果をそれぞれ勝手に表すのではなく、遺伝子の発現自体が遺伝学的に決定されていて遺伝子全体が協調的にはたらくモデルであった。ジャン・ドゥーシュは、この「思想的革命」に対する主要な見方を強調する。「ジャコブが強調しているように、それまでの遺伝学は一つの次元でしかものを考えていなかった。つまり遺伝子地図は染色体の直線的な構造に対応し、ヌクレオチドの一列の並びはタンパク質の一次構造に対応していた。オペロンモデルとともに、遺伝学の考え方に別の次元が取り入れられた。リプレッサーがオペレーター配列と相互作用することによる環の形成である」

フランソワ・ジャコブは記念すべき最近の論文のなかで、彼がジャック・モノーとともに成し遂げた発見について、自ら次のように語った。「モノーと私は、構造遺伝子と制御遺伝子の全体に、（「操作する」opérer という動詞から）オペロンという名前をつけた。オペロン＝リプレッサーというシステムを**いくらでも** *ad infinitum* 組み合わせることによって、それだけより複雑な回路をつくることができ、それが細胞の必要性に見合っているということに、私たちはすぐに気づいた。このように私たちは、「全生物にその始まりから備わっていて、生物が存在するかぎり存続するはずの根本的なしくみを発見したのである」」

私がフランソワ・ジャコブのこの言明[1]を引用するのは、ひとえにジャン・ドゥーシュの分析を支持するためである。ラクトースオペロンの発見者たちは、彼らの発見が大腸菌の中に特定のシステムが存在するというだけではなく、遺伝学や生物学一般にとっても大きな理論的可能性のひろがりをもつ

1　François Jacob, « The Birth of the Operon », *Science*, 332, 2011, p. 767.「オペロンの誕生」（原著者訳）、この部分は、ジャコブとモノーが一九六一年にオペロンモデルを最初に提案した基本的な文献から引用されている。

発見であるという自覚をもっていた。ジャン・ドゥーシュはこの発見がこうした可能性を遺伝学に拓いたことに、読者の注意をひこうとしている。当時、オペロン概念があれば、遺伝学がどのようにして発生の理解に貢献できるのか、また遺伝的に伝えられた素材に環境がどのように組み入れられるかを、最終的には理解できるだろうと思われていたのである。

ジャン・ドゥーシュにとって最も重要なのは、モノーとジャコブが発見した構造遺伝子と制御遺伝子との区別である。彼によれば、分子生物学の最も輝かしい瞬間に、この区別が分子レベルでの遺伝子概念（コード領域としての遺伝子）に死をもたらしたことになる。タンパク質のポリペプチド鎖をコードするDNA配列という単一の遺伝子概念が、一九七〇年から二〇一〇年にかけてなされた多数の発見によって少しずつ消失していったことを、著者は詳細に記している。非コード領域配列の数も役割も、この四〇年間に増え続け、ヒトゲノム（あるいはその他の生物のゲノム）に含まれる「遺伝子」の個数を推定する基礎となる遺伝子の正統的な定義に対しては、いまや笑いがこらえられないほどになっている。

ジャン・ドゥーシュはその分析の最後に、モノーとジャコブによってなされた区別を、現代の知識の状況に即してさらに一般化するという提案をしている。彼の提案では、遺伝子には二種類あり、一つは、「構築と作用」の遺伝子（とくにタンパク質をコードするような、細胞の機能や代謝に直接的な影響をもつ遺伝子）と、タンパク質の発現やゲノム全体の複製を調節する「解釈遺伝子」である。そのためジャン・ドゥーシュは、ますます多くの生物学者（や哲学者）がいまや遺伝子概念が時代遅れになったと考えるようになったことに対して同意するどころか、むしろ遺伝子概念を拡張しようとしている。断片化した遺伝子や、マイクロRNAの役割の発見、エピジェネティクスなどがあっても、私たちは遺伝子概念をすてることはないであろう。この点について、分子生物学の最も新しい知見に基づくジャン・ドゥーシュの話の展開のしかたはとても魅力的である。一つの操作的定義をあきらめれば、遺伝子概念を救うことができるということについて、私は彼ほどに確信はもてない。しかし、彼が主張している遺伝学の領域の拡張については納得できる。

本書の随所に見られる考え方は、遺伝学には強い概念的なこだわり engagement が必要で、遺伝学に起きた最近の危機の大部分は理論的な考察 réflexion が不十分だったためであるというものである。フランソワ・ジャコブやジャック・モノー、その共同研究者たちの発見と理論的検討 méditation が生まれる場に立ち会う *in statu nascendi* 機会を得たフランスの遺伝学者が、かつてなく多量の分子レベルのデータ収集をよりどころとする現在の遺伝学が直面する理論的危機からの脱出のしかたを、五〇年前の「理論的革命」に立脚して提案している点は、とりわけ刺激的である。

ジャン・ガイヨン
パリ第一大学（パンテオン－ソルボンヌ大学）教授

はじめに――誤解されている遺伝子

遺伝学が流行《はやり》である。新聞でもラジオやテレビでも、「遺伝子」「遺伝学」「ゲノム」「DNA」などの言葉が出てこない日はない。もはや遺伝学への関心が、専門的な生物学者の世界から遠く離れて一般人に広まったかのようである。もしそうなら、これは科学という文化にとって、すばらしい勝利かもしれない。ことにフランスでは、文化を構成しているのが芸術や文学や哲学あるいは人文科学、社会学、歴史学、それに多少の人類学などの知識であって、少なくとも自然科学のような「難しい」学問から文化ができているのではないと信じられているので、これは特異なことである。フランスでは二十世紀前半の長いあいだ、遺伝学が生物学の片隅に押しやられてきただけに、これはなおのこと驚くべきことなのである。しかし本当のところ、遺伝学の流行の裏側には根深い誤解がある。**遺伝子**という言葉をあえて使うときには、それはたいていでたらめなのである。

日常会話で遺伝学的な用語が使われるときに起きる誤解を、新聞紙面の文例をあげて説明しよう。「中道派は強力なヨーロッパ主義者で、それはロベール・シューマン、ジャン・ルカニュエ、ヴァレリー・ジスカール＝デスタン以来の遺伝暗号の一部になっている」。よく目にするこうした文章は、ラジオでも似たような言葉を耳にするが、遺伝学に対する無理解を露呈しているだけである。そもそもここで使われている「遺伝暗号」は、ある人物やグループのもつ特徴を述べている。それは、毛髪や血液や精子から個人を特定できる「遺伝的刻印」がわかるのと似ている。ところがここで使われている「遺伝暗号」は、後でわかるように、ちょうど逆のことなのだ。生物学者にとって、「遺伝暗号」はDNAを解読してタンパク質のアミノ酸配列にする際に使われる一種の辞書にすぎないので、これは「普遍的」なものである。これは、**人類**ばかりでなく、**あらゆる生物**やウィルスにも共通なものである。つまり遺伝暗号は人を識別するのには使えない。この場合、人々はDNAに書き込まれたメッセージと、それを解読する辞書とを混同している。

さらにこの場合にDNAに書き込まれていると考えられている性質は、ヨーロッパ連合の建設を主導するという政治的な意見に過ぎない。つまり、文化的な特徴ではあっても、生物学的な特徴を表すものではない。文化的な性質が遺伝子で決まるようなものでないことは、多くの人が知ってのとおりである。母国語を考えてみればわかるように、文化的な特徴も親から子へと伝達されうるものだが、それは遺伝的な伝達ではない。この場合、親子間の伝達と遺伝的な伝達とが混同されている。親子間で伝達するものがすべて遺伝的に伝達されているわけではない。こうした例はいくらもある。「それ（音楽、ラグビーなど）は僕の遺伝子に刻み込まれている」という言葉は、何十年か前のフランス語では、「遺伝子」の代わりに「血」を使って言い表していた。「血」も生物学的な遺伝を示唆するものだが。

次の引用は、医学の教授が書いたものである。「がんが遺伝する héréditaire といっても、それは一〇パーセントくらいである。がんはすべて遺伝的で génétique、つまりDNAの不安定性が原因だが、多くの場合、環境（喫煙、飲酒、食事、日光、ウイルス、化学薬品）も関係するので、両親から伝わるとは言えない」。この著者にとって、遺伝的 génétique なものはＤＮＡに関わるもので、両親から伝わるかどうかではない。この場合、細胞での話と身体全体での話が混同されている。がんの原因となるＤＮＡの損傷は、体細胞分裂によって伝達されるがために、この病気は危険なのである。がん細胞が増殖すれば腫瘍ができる。こうした細胞は侵襲性になることもあるが、この異常が生殖細胞に伝えられることはなく、そのため子にも伝わらない。後で述べるように、動物の体細胞系列と生殖細胞系列を区別したのはアウグスト・ヴァイスマンである。もう一つの問題は、ＤＮＡと遺伝子との混同である。多くの人にとって、遺伝子はＤＮＡそのものか少なくともＤＮＡでできたなにかであろう。しかしＤＮＡは分子なので、試験管の中に入れることのできる具体的な物質である。一方で「遺伝子」は考え方、つまり概念なので、それを試験管の中に入れることはできない。遺伝学者の役割は、観察や実験や考察によって、この遺伝子という概念を現実の具体的なものに結びつけることなのである。しかしそれは容易なことではなく、現在では遺伝子の分子レベルでの概念が揺らいでいる。**遺伝子**はＤＮＡではない、あるいは、ＤＮＡだけではないのである。

私自身は、はじめ学生として遺伝学を学び、それから教員として遺伝学を教えてきたが、遺伝子という概念は単純なものではないと確信している。他の科学の概念と同じく、これは自明な概念ではない。むしろガリレイの地動説のように、太陽が動いているというわれわれにとって**自明**な日常体験とは異なることを提唱するもので、直観に反するものとすら思える。遺伝学によれば、遺伝するのはおもてに表れる性質ではなく、遺伝子というなにか隠れた神秘的なものなのである。誤解が生まれるのも無理はない。この本を書くのは、こうした誤解をなくすとともに、私自身の考え方も整理するためなのである。

遺伝子という概念を理解するためには、その歴史を振り返ることが適当だと私は考えた。なぜなら、人間が考えるどんなことにでも歴史があり、短いとはいえ、遺伝子にも歴史がある。遺伝子という考え方は、人類の歴史のある時期に、ある文化的背景のもとで生まれ、それ以来、社会の変化につれて移り変わってきた。ある概念の歴史を振り返ることは科学にとっても大切である。第一に、科学的な概念は永遠に正しいと証明されたわけではなく、つねに微修正を繰り返しているからである。つぎに、こうした変化の原因として、昔の人々が今のわれわれより劣っていたからとは考えられないので、歴史をたどることによって、現在われわれがもっている考え方が形成されるのにはどのような過程をたどる必要があったのかを理解する助けになる。そうすれば、現在われわれが遺伝子について抱いている考え方にはまだ問題点や疑問点があって、今後きっと、それらが改められるかもしれないということを、おとなしく受け入れることができるだろう。

本書では各項の記述は短めにとどめ、さらにテーマごとに章としてまとめた。各章のまとめをはじめにに記し、章の紹介とした。第一章では、**遺伝子概念以前**の考え方をたどる。第二章では、**記号としての遺伝子**概念の誕生について述べる。第三章では**染色体上の遺伝子**を、第四章では**分子レベルの遺伝子**を、それぞれ扱う。第五章では、**分子レベルの遺伝子概念に関する現在の危機**についてまとめている。最後に「あらためて遺伝子と遺伝情報を考える」と題する章をもうけ、遺伝子概念に対する私自身の提案を述べる。これらの各章は、だいたい年代順に並んでいるが、完全に年代順というわけでもない。メンデルが**因子**として記述したものから生まれた記号としての遺伝子概念は今でも使われている一方、遺伝子の分子的概念は、十九世紀のヴァイスマンや十八世紀のビュフォンにさえも遡ることができるからである。つまり遺伝子の異なる概念は同じ時代に重なって使われ、「科学の進歩」とともに概念が順次入れ替わるわけではないのである。

第一章　遺伝子概念以前

メンデル革命は十九世紀末になるまで知られていなかったが、遺伝子概念の導入に向けた歩みは少しずつ進んでいた。古代における**生物発生** *génération* の概念は、現在、人々が**受精**、**遺伝**、**発生** *développement* と呼んで区別しているものを含んでいたが、そこから、十八世紀における繁殖や遺伝という考え方にまで至った。十九世紀には、遺伝の粒子や分子、分子集合の概念が現れた。そこで重要な疑問が提起された。それは、今日われわれがゲノムと呼んでいる遺伝子の集合の見かけ上の安定性と、多細胞生物の個体発生や細胞分化との対立をどのように調和させるのかという問題である。

1　遺伝学前史――生物発生から遺伝へ

古代から十八世紀まで、**生物発生** *génération* という考え方が流布しており、これは今日われわれが受精、発生 développement、遺伝などと区別するさまざまな概念を含んでいた。〔génération という言葉は、パスツールが否定した自然発生における発生と同じで、生き物が生ずる様子を全体として表している。これに対して、現代生物学で発生 développement と呼ばれるのは、受精卵から個体ができあがる個体発生 ontogénie を指している。ここでは前者を生物発生と訳し、必要に応じて原語を併記することとする〕（〔 〕は訳注。以下同）

「医学の父」と呼ばれるコスのヒッポクラテスにとって、雌雄の両親はそれぞれにたねを持ち寄り、その混合によって胚が形成される〔「たね」semence という言葉は多様な使い方をされているようである。もともと「たねを植えつけること」を指すが、ときとして精子や精液の意味で使われている場合もある〕。これが、息子が母に似て、娘が父に似る理由だとされる。

> すべて母に似て父にはまったく似ていないとか、すべて父に似て母にまったく似ていないというようなことは不可能である。そうではなく、たねが両親から子にもたらされる以上、必ず子はどこか母親に似て、どこか父親に似るのである。

そして、

> 精子は全身から生じ、硬い部分からも柔らかい部分からも、また体内のあらゆる水分からも生ずる。

ギリシア語のスペルマ *sperma* という言葉が、種子も精子も表すことに注意しておこう。[1] ここではこの言葉が雌からもたらされるものにも、雄からもたらされるものにも使われている。アリストテレスは『動物発生論 *De la génération des animaux*』の中で、名指ししてはいないものの、ヒッポクラテスの考えを批判している。

古代の人々は、精子が身体全体からもたらされると考えた。われわれの考えでは、精子は身体のあらゆる部分**に向かっていく** *orienté*（第一巻、一八章）

〔アリストテレスの考えに関して書かれている部分は非常に難解なので、島崎三郎訳『アリストテレス全集9「動物発生論」』（岩波書店）の該当する部分を参考にさせていただいたが、著者の文章に基づいて訳出した〕

アリストテレスにとっては、精子は過剰な栄養分の残りかすであった。このような、使われなかった栄養分が精子であるという考え方は、われわれには奇異に思える。しかしその意味は、成長するためにこの余分な栄養分を必要とする子供時代には子を産むことができない、つまり成長が十分でないことが幼少期だということなのである〔このあたりの記述は現代のわれわれから見ると非常におかしなことを述べているように見えるかもしれない。しかし、卵と精子の受精という概念をもたない昔の人々がわれ

1　この意味は現在でも植物学用語に残っている。たとえば、裸子植物 gymnosperme　被子植物 angiosperme など。

われとはまったく異なった考えを抱いたとしても不思議はない。ウニやサケ、あるいはカエルを考えれば、卵巣も精巣も身体の中の半分くらいを占めるものなので、精子や卵が身体全体から生み出されると考えても不思議ではない。また、卵には栄養が蓄えられているのは間違いなく、雄の精子がないかぎり発生しないのであるから、ここに述べられているように考えるのは、むしろ自然なことのようにも思われる」

アリストテレスは次のようにも述べている。

雌は自身の精子の部分を交接の際に放出する。というのは、雌が感じる喜びは雄が感じるものとしばしば同等だからであり、同時に液体を放出するからである。しかしこの液体は精子と同じものではなく、雌それぞれに固有の局所的な分泌である。（第一巻、二〇章）

二つコメントしておこう。アリストテレスは人類から動物全体に話を一般化していて、それはすでに『動物誌 *L'Histoire des animaux*』の中で議論を展開したのと同じ順序である。たとえば、「人間はわれわれが最もよく知る動物である」など。第二点は、アリストテレスは正しい観察（交接の際に雌が分泌するのは精子ではない）から、誤った結論を導き出している。

生物発生 génération の際に、雌は産物の形成に対して雄と同じ寄与をしていない。雄は運動の原理をもたらし、雌は質料（材料）をもたらす。（第一巻、二一章）

結局、アリストテレスの考えでは、受精には両親が必要だが、子の形成におけるそれぞれの役割は異なっていた。

受精に関するアリストテレスの考えは、現在の観察からみて、問題がなくはなかった。ネコはネコを産み、イヌを産むことはない。彼はこのように記している。

最も難しい問題は、決まった植物や動物がたねから生まれるのがどうしてなのかということである。（第二巻、一章）

彼の答えは次のようなものである。

たねがそこから生じた存在は、（中略）ある一点での接触ののちに活動するが、その後はもはやその接触は存在しない［機械で部品が他の部品とぶつかることで運動が始まると、その後は接触していなくても運動が続くようなイメージが描かれている］。言い換えれば、たねに宿る運動は、家に対する建築作業のようなものである。したがって、何らかのものが活動するのだが、すでに決定されたものとしてではなく、これからたねのなかに存在するべく最初からすべてできあがっているものとしてでもない。（第二巻、一章）

別のところでは次のように述べている。

精子を成熟させ、精子に形相を持たせ、形相の原理を含む精子を放出できるものは、雄である。私が原理と言っているのは、親と似た子が生ずる場合の質料としての起源ではなく、第一動因のことである。（第四巻、一章）

アリストテレスが考える精子の「成熟」は、酵素的な変換などではない。他方、アリストテレスは精子の作用を、ミルクが凝固するのになぞらえた。受精と発酵のアナロジーは、十七世紀になるとデカルトをはじめとする多くの著者が繰り返し述べている。こうしてアリストテレスは、のちに**前成説** *préformation* と呼ばれることになる問題を、解決（あるいは回避）したのである。建築作業 architecture という考えは、十九世紀になって現れた**組織化プラン** *plan d'organisation* という概念を先取りしている。しかし、アリストテレスは、記号として書かれた**プログラム**という形を予見していたわけではなく、それは運動の結果でしかなかった。このアプローチは、のちのデカルトの考えを思わせる。

われわれが遺伝 hérédité と呼ぶ問題について、アリストテレスは、種に特有の形質（第四巻）と個体固有の形質（第五巻）とを区別していた。後者としては、眼の色、体毛や羽毛の色、体毛の生え方、声の大きさ、視力などがあり、今日、遺伝的と考えられている多様性と、子の成長に伴う眼の色の変化や老化に伴う白髪など、生理的に生ずる多様性とを同じ種類のものとして語っていた。何らかの理由でアリストテレスは、種に特有の形質を個体固有の形質に勝るものと考えており、その中には性決定も含まれていた。彼は雄の精子が与える勢いの力の違いによって性が決まると考えていた。両親から子への形質の伝達に関しては、アリストテレスは次のように述べている。

身体に障害のある mutilé 両親からは身体に障害のある子が生まれるが、その理由は子が親に似るのと同じように説明される。

これは明らかに獲得形質の遺伝を肯定していることになる。しかし次のように加えている。

親に似ない子がいるように、身体に障害のある親から障害のない子も生まれる。（第一巻、一八章）

生物発生はまた、自然発生でもあった。アリストテレスは、昆虫類の少なくとも一部における自然発生 *genesis automatos* を疑っていなかった。

昆虫の中には、交尾により同じ姿をした昆虫が生まれる場合もあり、（中略）バッタ、セミ、クモ、スズメバチ、アリなどである。しかし他の昆虫では、交尾の結果、成虫とは似ていない幼虫が生まれる場合や、昆虫どころか、腐った液体や固体を産むこともある。これは、ノミ、ハエ、カンタリス（ジョウカイ科の昆虫）などの場合である。また別の昆虫では、交尾をせず、昆虫を産ま

ないものもある。蚊やその仲間である。（第一巻、一六章）

アリストテレスは自然発生の可能性を、貝類（第三巻、一一章）や植物（第一巻、一章）にも拡張している。[1]

このように、アリストテレスが取り組んだ発生関連のテーマには、子孫への両親の寄与、前決定 prédétermination、繁殖 reproduction、獲得形質の遺伝、自然発生などがあり、これらに関する論争は、十九世紀まで続くこととなる。

論争は十七世紀に再燃した。自然発生の問題は、プーシェとパスツールとの有名な論争などを含み、十七世紀から十九世紀末にかけて十分に議論されたので、ひとまずおいておこう。イギリス王チャールズ一世の主治医であったウィリアム・ハーヴェーは、胚と胎児の形成を追跡するために、妊娠したシカを王の庭園で入手し、解剖した。彼がそこで見たものは、ほとんど形のない痕跡から始まって次第に形成されてゆく動物であった。この過程を記述するため、彼は一六五一年、**後成** *épigenèse* という言葉を導入し、胎児の**妊娠** *conception* を、考えを抱く concevoir 人間の脳になぞらえた。彼は次のように書いている。

> ある種の動物では、身体の部分が一つ一つ順に形成され、それから栄養を得て大きくなり、同時に同じ材料を使って形成される。したがって、ある部分は最初からできており、別の部分は後からつくられ、それと同時に大きくなりながら形づくられる。動物の形成は、その起源となる部分

から始まり、この部分の作用によって、そのほかの四肢ができる。このような発生は後成によって、すなわち部分ごとに少しずつ行われるとわれわれは考える。まさにこれこそが、生物発生génération と呼ぶ価値があるのである。

発生の問題について、デカルトはほとんど記していない。彼の死後一六六四年に刊行された『人間について、および胎児の形成について』という本では、その理由を次のように述べている。

このテーマについて、私の考えのすべてを確認するための十分な実験をすることができていないため、これまで私は自分の考えを書き綴るつもりはなかった。

彼にとっても彼の同時代人にとっても、発生という言葉には、今日われわれが遺伝とか、受精とか、発生（形態形成）とかと呼ぶものが同時に含まれていた。デカルトは次のように述べている。

二種類の液体を混ぜると（中略）、それぞれに含まれる酵母 levain が働いて熱が発生し、それぞれに含まれる粒子（中略）が液体を適切に配置して、四肢の形成にみちびくのである。

1　アリストテレスにとって、ミツバチは特別で、第三巻一〇章に書かれている。カンタリスは鞘翅類《しょうしるい》で、催淫作用があると考えられた粉を作るのに使われた。

こうした発酵による加熱という考えは、アリストテレスの考えに近い。精液 semence に関するデカルトの考えは奇妙なもので、それは液体〔おそらく血液に関連している〕でありながら粒子でできていた。さらに彼の発生〔形態形成〕に関する考え方は、確率論的〔精液の中の粒子には区別がなく、発生過程で胎児の組織の孔から吸収される〕であると同時に、ラプラスのデーモン〔自然法則のすべてを知りつくしたエージェントを指し、現在のすべてのデータがあれば、未来をすべて予測できるとされる〕のように決定論的であった。

もしもヒトなど特定の動物種の精液の成分が完全にわかれば、その事実だけから完全に数学的で確実な推論によって、胎児の四肢の形が完全に演繹できるはずである。逆に、身体の形態的な特徴を知ることによって、精液がどんなものであるのかを演繹することもできる。

アリストテレスによって批判された前成説は、一六二五年にジョゼフ・ド・アロマターリによって再び提唱された。次いでマルチェッロ・マルピーギが取り上げ、彼は温めていないニワトリの卵の中に完全な形の胎児が見えると言った。前成説論者は、大人の身体の中に、そのすべての子孫が入れ子になって入っていると考えた。一六七二年、ライネル・デ・グラーフはほ乳類の雌で濾胞細胞 follicule を発見したが、十九世紀まで、人々はそれを卵と勘違いしていた。一六七七年にはついにアントニ・ファン・レーウェンフックが、自ら発明した顕微鏡を使って精液中の微小動物 animalcule を記載し、のちにそれに対してカール・フォン・ベールが**精虫** *spermatozoïde* と名づけた。そこで前成説の対象が雌から雄に移った。レーウェンフックは次のように書いている。

雄の精子だけが胚をつくるのであって、雌の唯一の役割は、精子を受け取って栄養を与えることである。

それ以来、精子の中に、ヒトの形をしたホムンクルス homonculeがまるごと入っているのが「見える」と言われた。つまり前成説から、胚が予め存在しているという説になった。ニコラ・マールブランシュは次のように述べている。

リンゴのたった一つの種子の中に、リンゴの木や、次の世代のリンゴの実など、ほとんど無限に先の時代までのリンゴの木のもとが入っているはずである。

彼の計算では、

一六八七年の初代のハエに含まれる驚嘆すべき複雑さ délicatesseは、一八〇〇〇〇個もゼロがつく数になる。

前成説論者は、卵主義者 oviste（**卵**のシステム）と、精虫主義者 vermiste（**虫**あるいは**精虫**のシステム）に分かれていた。アリマキにおける単為発生（一匹の交尾していない雌からたくさんの子孫が生まれる）が一七四〇年にジュヌボワ・シャルル・ボネによって発見されると、卵主義者が支持されることになった。一七六二年に書かれたボネの『有機体についての考察』では、神が全生物を創造した際に予めつくられた**胚種** *germe* が存在していたという彼の前成説が理論的に述べられている。前成説論者に言わせると、精液の中にすでに予めできた大人のミニチュアがいて、個体発生というのはそれが「大きくなること」développement でしかなかった。前成説は、胚種という形で、胚の中にすべての子孫が含まれていることを意味していた。前成説の中に胚種を取り入れることで、ボネは後成説との総合をはかろうとしたのである。

ビュフォン伯爵であったジョルジュ＝ルイ・ルクレールは、その『自然誌』の中で、マールブランシュの計算を持ち出して胚種が入れ子になっているという説を揶揄した。第六世代までのヒトの胚種は、

> 太陽から土星までの距離に匹敵する五五桁の膨大な数に分かれているという（中略）この考えのもっともらしさは、徐々に対象が小さくなるにつれて消え失せてしまう。

しかしニュートンやライプニッツによる微分法の発見後まもないこの時代は、レーウェンフックにならって顕微鏡的な生物が発見される時代でもあり、無限に小さな生物の胚種という考えがありえないことではなかったことも理解しておく必要がある。

前成説と対立する後成説によると、受精卵の中で胎児は徐々に形作られてくる。しかし後成説にも困難な点があり、それは、子が両親やときとして祖父母に似るのはなぜかという問題だった。種が一定に保たれるのはどのように説明できるのか。四肢がいつも同じ場所にできるのはどのように説明できるのか。つまり、**繁殖** *reproduction* をどのように説明するのかであった。

近代的な意味での**繁殖**という概念を導入したのはビュフォンであった。それまでもこの言葉はレオミュールなどによってときどき使われていて、今日われわれが使う**再生** *régénération*（たとえば、ザリガニ écrevisse の足やトカゲのしっぽの再生）という意味であった。ビュフォンは「繁殖現象」に関して「動物にも植物にも共通の性質で、自分とよく似た子孫を生み出す能力」と述べている。繁殖という概念によって種の問題がクローズアップされた。ロバに関する有名な章の中で、彼は次のように書いている。

> グレーハウンド lévrier とバルビー（フレンチウォータードッグ）barbet の違いに比べれば、ロバとウマの方がよく似ているが、前二者はイヌという同じ種に属していて、互いに掛け合わせて子孫を得ることができる。一方、ロバとウマの掛け合わせでは生殖能力（稔性）のない子孫しか生まれないので、両者は異なる種である。

このように、エルンスト・マイアよりも二世紀も前に、ビュフォンは**生物学的な種の概念**を明確に述べていた。すなわち、形態的にいかに違っていても、稔性のある子孫をつくることができるならば、二つの個体は同じ種に属する。

ビュフォンは前成説を断固拒否していたが、かといって厳密な意味での後成説論者でもなかった。前成説を否定しながら繁殖の問題を解決するため、ビュフォンは「内的鋳型」moule intérieur という概念を考えた。

動物の身体は一種の内的鋳型であって、成長に使われる物質が、それに従って形づくられ、全体として同じようなものになるのである。（中略）このような大きさの増大のことを個体発生 développement と呼ぶ。

さらにもう少し後では次のように述べている。

栄養を得ること、個体発生すること、繁殖すること、これらはまったく同じ原因から得られる三つの結果である。[1]

ビュフォンはどのようにしてこの概念を得たのだろうか。「たね（精液）を作り出すのは余分な栄養分である」というアリストテレスの意見に、彼も賛成であった。繁殖のしくみについて、彼は次のように書いている。

雄の睾丸や精嚢、あるいは雌の卵巣やその他どんな部分でも、その中のあらゆる部分から出てくる有機分子が、たね（精液）を作り出し、これは誰にも明らかなように、身体のあらゆる部分からの抽出物なのである。

さらにこう述べている。

雄の液体は雌の液体と出会うことが必要で、これらの液体の混合物の中に生ずるものだけが、形態形成をすることができる。精液中の微小動物 animaux spermatiques と名づけられた、顕微鏡でみえる小さな運動物体自体は、（中略）自身で形態形成することも、なにかを生ずることもできない。

ここでビュフォンの考えはヒッポクラテスのものに近いことがわかるが、それに加えて、より新しい精虫の発見や「有機分子」をとりこんでいる。ここでいう有機分子は動くことができ、それは機械的な力というよりは、モーペルチュイにならってビュフォンが「化学親和性」と同じと見なす力によって動くのである。「最もよく似た（有機的）部分は、互いに集まる性質があり、互いに固く結びつく」。近代的な響きがあるにしても、ビュフォンの有機分子は、実際にはエピキュロスやルクレティ

1　フランソワ・ジャコブは、ビュフォンの「内的鋳型」仮説を、DNAの役割を予見したもののように考えている。「分子生物学は内的鋳型というモデルを直線状メッセージというモデルに置き換えた」

ウスの原子〔ギリシア時代の原子論者が考える原子は「分割できないもの」という意味で、現代物理学でいう原子のように内部構造をもたず、単に概念的に分割できないものを指していた〕に近く、感覚的経験によって知覚される物体がそれによって構成されている不可分の原子である。実際、エピキュロスやルクレティウスの原子と同じように、ビュフォンの有機分子は分解できないもので、ビュフォンは、これらの有機分子が集合し直すことにより、自然発生による「単純な」有機体の再構築が起きると考えた。

有機体を分解しても〔中略〕それを構成する有機的な部分が分離するだけで、それらの部分は何らかの活性な力によって再び結合するまで、分かれたままで存在している。

しかし繁殖現象のより優れた理解に向かう大きな一歩を踏み出したのは、ピエール゠ルイ・モロー・ド・モーペルチュイであった。実際に、それ以前には「遺伝的」héréditaireという言葉は、社会的に世襲される財産の性質を表すために用いられていて、財産や肩書きや地位が遺伝的なものであった。この言葉を今日われわれが**生物学的**〔**生物学** *biologie* という言葉を作ったのはラマルクで、一八〇〇年であることが一般に認められている〕と呼ぶ性質に関して体系的に使ったのは、モーペルチュイが最初ではないかと私は思っている。彼によって、**生物発生**から**遺伝**への第一歩が踏み出されたのである。奇妙なことに、**遺伝的** *héréditaire* や**遺伝** *hérédité* という言葉が一般的になるのは、彼の死後五〇年も経ってからで、十九世紀のことであった。

モーペルチュイは遺伝的形質について語るだけでは満足していなかった。彼はヒトの遺伝に関する二つのケースについて、初めて遺伝学的な研究を行った。一つは「白い肌をもつ黒人」であり、もう一つはベルリンの一家系の多指症である。白い肌をもつ黒人は、

四、五歳の子供で、身体の特徴は黒人だが、肌は白く蒼白いくらいである。毛髪も赤毛がかった白である。透き通った青い眼をもち、陽の光をまぶしく感じるように見える。（中略）両親ともアフリカの黒人である。

一七四四年のパリのサロンを連れ回された子供に関するモーペルチュイのこのような記述は疑いようもない。その子供はアルビノだったのである。さらにモーペルチュイはこのように記している。

セネガルでは、一家全員がこのような性質の家族がいくつもあることが知られている。この肌の白さは一種の事故のようなものだが、それは持続し、何世代にもわたって維持される。黒い色はカラスやツグミでも黒人と同様、生来の性質である。それでも私は白いカラスや白いツグミを何度も見た。こうした変種を飼育し続ければ新しい種になるように思われる。羽根の白さには普通、肌の白さもともなうため、今いるようなニワトリを他のものよりも選ぶことになった。

何世代も飼育することによって、ついには白しかいないようになったのである。

家畜における選択と、新種の起源の類似性に関して、ダーウィンの考えを予見させるものである。『自然のシステム』（一七五六年）の中で、モーペルチュイは「父方も母方もみな、子が六本の指をもって生まれるベルリンの家系」について報告している。このことに基づいて、彼は前成説を否定している。

この現象は（中略）これらのシステムのどちらも否定している。つまり、二つの性の交雑のまえに、子が完全に父親の中でできあがっているということも、母親の中で完全にできあがっているということも、である。

「第一四の手紙」のなかで、これが外科医ジャコブ・ルーエの家系であることなどについて彼は詳しく述べており、ベルリンでの観察結果に基づいて、人口が百万人として、多指症の確率がたとえば二万人に一人だとして、計算している。

ある人の子が六本の指をもって生まれない確率と生まれる確率の比は二万対一である。その子供が六本の指をもって生まれない確率は二万×二万つまり四億対一である。つまり、この異常が三世代にわたって表れない確率は八〇億対一である〔この説明はわかりにくいが，多指症の子供が生まれる確率が二万分の一であることにもとづいて、つづけて多指症の子供が生まれる確率が低いことを述べている」。物理学でこのうえなくしっかりと証明されたことがら以上にこの可能性に近いものはない。

ここからモーペルチュイは、ルーエの家族の観察における多指症の発生が偶然ではなかったと結論した。モーペルチュイはこうして、形態的な特徴が父親からも母親からも遺伝的に伝達されることを証明した最初の人となった。

「卵と精子のシステムという」二つの形をとる前成説を否定しながら、「種の保存と両親との類似」を説明するために、モーペルチュイは「両親の精液の中を泳ぐ胎児をつくる要素」に言及し、さらに「両親と似ている部分が最も多く、最も親和性が高いので、一番普通に結合するはずである。そして、それらは普通、両親に似た動物を形成するであろう」。この親和性の概念はデカルト流の概念とは異なり、むしろ誕生しつつあった化学や、遠隔作用を考えるニュートン力学と近かった。モーペルチュイは、両親が同じ役割を果たすという遺伝に関する考え方の先駆者であった。

ピエール＝ルイ・モロー・ド・モーペルチュイ

モーペルチュイは一六九八年サン＝マロで生まれ、父は国王から認可された私掠船の船長であった。二〇歳のときに、父は灰色銃士隊長（国王の銃士隊の隊長）の辞令を息子のために金で買ったが、彼はすぐにその職業をやめて、数学者になることにした。一七二三年、科学アカデミーの幾何学部会に入会した。彼はすぐに準会員に昇格し、さらに年金を受ける正式会員 pensionnaire となった。一七二八年、ロンドン旅行のさいにニュートンの理論を受容したが、当時アカデミーの仲間の大部分はデカルトを支持していた。一七三六—三七年には、クレローとともに、子午線の長さを測るための調査旅行の指揮をとった。モーペルチュイが実際に支持していたニュートンの理論によれば、地球は両極が平らになった楕円体の形をしているはずであったが、これにカッシーニは反対していた。彼はそのためにラップ人〔北欧のラプランドに住む人々〕の衣装を身にまとっていて、その後も、パリやベルリンでもその衣装を着ることをいとわなかった。

数学や物理学において、彼は「最小作用の原理」を擁護し、のちにラプラスやガウスにも影響を与えた。生物学では、今ここで話題となっている遺伝に関する考察の他、彼はサンショウウオやサソリの観察を報告し、これらの動物について信じられている言い伝えを否定しようとした。

一七四五年、フリードリヒ二世の招きに応じてベルリンに赴き、ベルリン科学アカデミーの会長の職に任命された。当初ヴォルテールは彼を支持していたが、やがて彼を激しく攻撃するようになった。フリードリヒ二世はヴォルテールに対してモーペルチュイを支持した。

彼は一七五三年にベルリンを去り、プロイセンへの帰途バーゼルで、友であった数学者ベルヌーイ兄弟の家で一七五九年に亡くなった。

2　メンデル以前の遺伝研究，育種家とダーウィン

モーペルチュイののち、生物学的な遺伝の問題は科学の対象となり、自然学者たちが実験によって取り組むようになった。

一七六一年、ドイツの植物学者ヨーゼフ・ゴットリープ・ケールロイターは、タバコの二つの品種 *Nicotiana rustica*（マルバタバコ）と *Nicotiana paniculata*（タバコの別の近縁種）との交雑の結果を刊行した。その後も引き続いて、いろいろな植物を使った一連の交雑実験について発表した。彼は自家受粉を防いでうまく交雑させるため、細心の注意を払った方法を編み出した。彼の観察によると、交雑によって生まれる子孫のうちのあるものは花粉を提供した親と似ていた。このことは、子孫の形質には両親が寄与していることを証明したことになり、前成説を反駁する証拠となった。*Mirabilis jalapa*（オシロイバナ）と *Mirabilis longiflora*（オシロイバナの近縁種）との交雑では、後者のたった一個の花粉だけでも受精には十分であることが示されたものの、この発見から何らかの理論的結論を引き出すことはできなかった。

ケールロイターは十八世紀末と十九世紀初めにおける**育種家**の長い伝統に息を吹き込んだ人物である。育種家たちの関心をひいたのは、形質の伝達というよりも、受精の問題や種の起原の問題であっ

た。今日でも用いられている分類学の体系を発明したリンネは、種が固定したものであるという考えをいつも頑固に主張していたわけではなかった。彼は実際、部分的転換という考えを述べていて、それによれば、属をつくったのは神かもしれないが、同じ属の異なる種の間の交雑によって新しい種が生まれることもありうる。種間雑種の一つの目的は、遺伝的形質伝達の法則を知ることよりも、実験によって次の理論を証明することであった。それは、雑種が稔性をもち、類似の子孫を生み出すのか、交雑によって新種をつくり出すことができるのかということであった。この疑問はいつもついてまわるもので、現在でも生物学者の関心事である。

モーペルチュイから一世紀後、フランス人シャルル・ノダンは、メンデルに先行する十九世紀のこの時代に、こうした植物育種家たちによって成し遂げられた努力の典型例を示した。一八六三年、自身の実験の報告の中で彼はこう述べている。

雑種が示す性質について正しい考えをもつためには、第一世代と後代とを区別することが重要である。

彼は第一世代が均一であることを示した。

同じ交雑から生まれる雑種は、第一世代では互いに似ていて、本当の同一種から生じた個体と同様か、またはほとんど同様に見える。

> それに対して、
> 私が注意深く調べた第二世代の雑種はすべて、もとの性質に戻る傾向を示した。
> そして、
> さらに私たちが調べたいくつかの第三世代や第四世代の例（*Linaria purpurea* と *L. vulgaris* の雑種）では、まさしく雑種型に逆戻りしてしまうことがわかり、ときとして、最初の種の一方に完全に先祖返りしたように見える個体から、ほとんどまったく逆の種に変化したように見える個体が生まれることさえ観察されるのである。

これに関するノダンの解釈はすばらしいものである。実際、彼は次のように記している。

> これらすべての事実は、雑種個体の**花粉**や**胚珠**における**二種類の特異的な本質** *essences spécifiques* **が分離する**ことにより、自然と説明できる。（強調はノダン）

これを読むと、のちにメンデルの**配偶子分離の法則**と呼ばれることになるものの定式化ではないかと思ってしまう。ノダンをメンデルの先駆者と見なしても不思議はない。しかし彼のデータは定性的なものであった。メンデルと異なり、ノダンはさまざまな形質の個体数を数えることなく、この解釈以上に進むことはなかった。

遺伝の問題に関心をもったメンデルと同時代の学者には、ダーウィンも挙げなければならない。ダーウィンはメンデルの論文を入手していたのではないかと思われるが、しかしメンデルがどういう業績を挙げたのかを知らなかった。その一つの理由は、ダーウィンがメンデルを流行の育種家たちと同じだと思ったことが考えられる。もしもダーウィンがメンデルの仕事を理解していれば、交雑によって種がつくられるという主張であるとして、自然選択によって種が形成されるというダーウィン自身の理論とは真っ向から対立すると考えることも、ダーウィンにはできたはずであった。逆にダーウィンはノダンの仕事は知っていて、何度も引用している。一八五九年に『種の起原』を書いたときには、ダーウィンは遺伝に関する理論をもっておらず、むしろ遺伝に関しては、多様性の変化が本質的に用不用に基づくというラマルクと似た考え方をしていたらしい。ダーウィンはそれに偶然的な変化も一部加え、また獲得形質も遺伝すると考えた。

それでもダーウィンは多様性の起源や伝達について考えており、一八六八年に出版した『変異（多様性）について』という本において、この問題についての考察を述べている。その中で彼は、自身が所有するダウンの庭園で行ったさまざまな系統のハトの育種や植物についての交雑実験の結果を報告している。とくに彼はキンギョソウ *Antirrhinum majus* の二つの品種を交雑させている。一方は大きな舌状の花弁をもつ通常の花をつけるもの、もう一方は *pélorique*〔ペロリアは正化とも言い、不整正花が整った形に咲く現象を指す〕という品種で、キンポウゲのような放射対称な花をもつものであった。どちらの花粉をどちらの柱頭に受粉させるかで二通りの掛け合わせを行い、

通常の舌状の花をもつ植物は、ペロリアとの交雑によって影響を受けなかった。ノダンもリナリア（ウンラン属）のペロリアと通常花を使った実験をして、同じ結果を得ている。（中略）通常の舌状花を示す一二七の雑種植物を自家受粉して得られた種子から得られる植物では、八八が通常花、二つが中間型、三七がペロリアとなり、この最後のものは、祖父母の形にもどっている。

ここで注目すべきは、中間型を示す二株を除けば、このデータがメンデル遺伝の比率になっていることである〔上記引用文中の数字について、原著者からの指示に従って原著での誤りを訂正した。メンデル遺伝であれば、雑種第二代では、三対一の比率に分離する。88：37はだいたいこの比率に近いと見なされる〕。ダーウィンのキンギョソウでの結果がメンデル比になっていることは、一九〇二年にベイトソンとサウンダースが記している（**二章—2**）。なお、この植物は二十世紀末には、発生遺伝学のモデル植物となる。現在ではこの植物の花の形態を決めている遺伝子は四個あり、そのうち二個は連鎖していることがわかっている。実際にダーウィンが交雑に用いた植物の遺伝子型がはっきりとわからないので、彼の実験結果を解釈するのは難しいが、このように複雑な遺伝様式があることによって、雑種第二代で中間型が表れたことが説明できる。しかしダーウィンは（ノダンと違って）各形質の個体数を数えることはしたものの、交雑を雑種第二代以降まで続けることはなく、**隔世遺伝**による祖父母の形質へ

の**回帰**やある形質が**優越**するといった質的な面にとくに関心があった。ダーウィンが言う「優越性」*prépondérance* は、第一世代における特定の形質の示す優性ばかりでなく、その次の世代において祖先の形質にもどる傾向があることも含んでおり、彼の言によれば「結局、優越性は非常に複雑な問題である」。つまり一般的な法則はなにも見つけられなかったと告白している。

自身の実験結果や収集した多数のデータに基づいて、ダーウィンは「パンゲネシス暫定仮説」と称する次のような考え方を提唱した。

ほぼ一般的なこととして、身体の単位である細胞は自発的な分裂によって増殖してもその性質は変化しないが、最終的には身体のいろいろな物質や組織に転換する。増殖することは別として、生ずる完全に受動的な物質に変化する前に、細胞は身体全体を自由に循環する小さな粒子あるいは原子を放出する。十分な栄養分があれば、分裂により増殖し、最終的には、元の細胞とよく似た細胞になる。もっとはっきり言えば、これらの粒子のことを細胞ジェミュール gémmule あるいは細胞説はまだ完全には確立していないとすると、たんにジェミュールと呼ぶことができる。われわれの考えによれば、ジェミュールは両親から子孫へと伝達され、一般には直後の世代で発現〔développer をここでは発現とする〕するが、ときには休眠状態のまま幾世代も伝達され、後になって発現する。このような形質発現は、成長の決まった過程の中で先に少し発現し始めた他のジェミュールとの結合によって起こると考えられる。（中略）ジェミュールは個々の細胞や単位から放出され、それは成人期だけでなく、身体が発達するあらゆる段階においても行われていると考えられる。最後に追加すると、休眠状態のジェミュールは互いに親和性をもち、それによって幼芽あるいは性的要素を形成する。（中略）私がパンゲネシスと呼ぶ暫定的な仮説は、こうしたものから構成されている。

ここでまず注目されるのは、ダーウィンが、パンゲネシス理論によって有性生殖ばかりでなく無性生殖も説明しようとしていることである。後者は**栄養**生殖とも呼ばれ、植物の挿し木やヒドラの出芽などを指している。実際に彼はこのように記している。

有性世代と無性世代とは、見かけほどには異なっていない。

それに加えて、ラマルクが言い出した獲得形質の遺伝のしくみも、パンゲネシスによって説明できるはずであった。

用不用が、身体の離れたところにある生殖細胞の小さな塊にどのようにして影響を及ぼすのか、それは両親の一方、または両方の形質を遺伝して身体ができるのと同じなのではないか。

ダーウィンのジェミュールは粒子であり、原子のようなものであった。これはビュフォンのいう**有機分子**を想い起こさせる。確かにダーウィンはそれについても記しており、また、その「相互親和性」はモーペルチュイを思い起こさせる。この特異な考え方は、両親の液体が受精の際に混合するという当時流行っていた遺伝の理論とはかけ離れていた。当時こうした形質は一つ一つ個別のものとは見なされず、混合したものを遺伝することにより、子孫には大まかに言って中間的に、たとえば口は母親のようで眼は父親のよう、というように伝えられる。こうした遺伝の液体理論の名残は、今日でも用いられる「純血な」「血を半分受け継いでいる」「血が混ざっている」「同じ血が流れている」「冷血な」などの表現に残っている。液体による遺伝の考え方は、ダーウィンにとって一大問題であった。実際問題として、こういう考え方をすると、ある世代で見られる多様性が、次の世代では薄まってしまい、進化を考えることは難しくなってしまうのである。ダーウィンの**ジェミュール**や**パンゲネシス**には、メンデルが**要素** facteur と**形質** caractère とを区別した理由が見てとれる。

新しい生物体を形づくるのは生殖要素 élément reproducteur や芽胞 bourgeon ではなく、身体全体の細胞や単位自身なのである。

一方で驚くべきことに、ダーウィンのパンゲネシス理論は細胞説と矛盾している。ジェミュールは細胞からつくられるが、ホルモンのように細胞から抜け出し、しかもそのホルモンは新たな細胞を生み出すのである。これはフィルヒョウがすべての細胞は既存の細胞からできると言った原理に反している。ダーウィンの**仮説**を**細胞内パンゲネシス**として再度とりあげるのは、ユーゴ・ド・フリースである。同じ時代、メンデルは細胞に基づく遺伝の理論を明確に提唱していたのである。（**二章―1**）

フランシス・ゴールトンはチャールズ・ダーウィンのいとこにあたり、特殊な遺伝理論に執着していた。しかしゴールトンの最も重要な寄与は、彼の「祖先遺伝」の法則である。子孫の形質が祖先の形質に**戻る**という**隔世遺伝** *atavisme* の問題は、メンデル以前の時代の生物学者の一大関心事であると同時に不安材料でもあったのだが、この法則はこの隔世遺伝の現象を説明できるとされた。ゴールトンの法則によれば、子は両親から半分ずつの形質を受け取るが、その際、祖父母の形質も四分の一ずつ、曾祖父母の形質も八分の一ずつ受け取ることになる。ヒトの身長や植物の種子の重さなどの量的形質を考えた場合、世代を重ねるにつれて、最後には平均値に近づくことになる。この平均値は「凡庸さ」とも見なされるが、ゴールトンはとくに「天才」の遺伝に興味を持った。かれは優生学の創設者である。

ここで注意しなければならないのは、ゴールトンの法則がダーウィンの進化理論に及ぼした問題である。粒子的な概念であっても、遺伝の**液体**理論であっても、選択圧のもとで進化して起きる変化は、世代を重ねるにつれて平均値に近づいていくことで「薄まって」しまうのである。実際にゴールトンはこのように結論している。

環境と調和した全集団の形質は、その後の何世代ものあいだ、統計的には同一のまま維持される。このことはあらゆる形質について言えることで、自然選択によって大いに影響を受ける形質の場合も、実際上影響を受けない程度のわずかな影響しかない形質の場合も同じである。

シャルル・ノダン

シャルル・ノダンは一八一五年にオータンで生まれた。家はあまり裕福でなかったが、彼はこつこつと勉強を続け、一八三六年に文科のバカロレア（大学入学資格試験）に、次いで一八三七年には理科のバカロレアに合格した。彼は一八三九年にパリの国立自然誌博物館に園丁として勤め、そこで研究を重ねながら、ナス科植物の植生に関する研究で一八四二年に理学博士号を取得した。一八四六年に顔面が麻痺する病気にかかり、そのうえ、耳が聞こえなくなったため、教育職をあきらめなくてはならなくなった。一八五二年には『種と変異に関する哲学的考察』を出版し、その中で形質転換についての信念を説明した。一八五四年、博物館の自然誌研究助手となり、さらに研究を続けた。一八六三年、植物の雑種についての長い論文を刊行した。その年、科学アカデミー会員となった。

一八七八年、アンチーブのチュレ別荘の長に任命された。そこには創始者の死後、国に寄贈された別荘と植物園があり、彼はその地で死ぬまで植物学の研究を行った。彼は盲目となり、一八九九年に亡くなった。

チュレ別荘は現在、国立農学研究所（ＩＮＲＡ）の研究室となっている。

ゴールトンの法則は、その後数学者のカール・ピアソンによって改良され、メンデルの法則の再発見まで、広く認められていた。これは遺伝に関するメンデル的な解釈とは相容れず、そのため二十世紀初頭には、ゴールトンとピアソンに率いられた**生物統計学者** *biométricien* たちと、ウィリアム・ベイトソンに率いられたメンデル学派との間で激しい論争をもたらした。

3　メンデル遺伝学への道

メンデルのエンドウの実験結果が発表された一八六六年から一九〇〇年までのあいだ、メンデルの仕事は顧みられることがなかった。しかし十九世紀の最後の三分の一の期間、生物学者が遺伝の問題に関心をもたなかったわけではなかった。

顕微鏡技術と染色技術の進歩によって、細胞に関する知識は進んでいった。一八七五年にはオスカル・ヘルトヴィヒが、ウニ卵の受精の際に卵と精子の核が融合することを観察した。一八八八年、ハインリヒ・ヴィルヘルム・フォン・ヴァルダイアーが**染色体** *chromosome* という言葉を導入した。ベルギーのエドゥアルト・ファン・ベネデンとドイツのテオドール・ボヴェリが、ウマに寄生する回虫の一種 *Ascaris megalocephala* の細胞を研究したが、この材料選択は成功で、細胞が大きく、染色体数が少なかったために研究がしやすかった。ファン・ベネデンは精子と卵が同じ数の染色体をもつことを示した。彼はさらに、体細胞では四本ある染色体が、これらの配偶子細胞では二本に減少していることを観察した。この**染色体減数** *réduction chromatique* は、一八八七年にボヴェリも確認した。除核したウニ卵に別の種のウニの精子を受精させることにより、生じたウニ幼生の形質が精子を供給した親と同じになることをボヴェリは発見し、これによって細胞質ではなく核が重要な役割を担うことを示した。一九〇二年、ボヴェリはウニに関する研究論文の結論で、「正常な発生に必須なのは、染色体の本数ではなく、正しい組み合わせの染色体である」と述べている。言い換えれば、彼が強調していたのは、もはやたんなる染色体の**数** *quantité*（染色体減数）が問題なのではなく、それぞれの属性が重要だというのである。染色体はみな同じではなく、体細胞から配偶子ができるときにはこれは重要なことである。

しかし減数分裂が本当に理解されるようになるのは、当時まだ若い学生であったウォルター・サットンが一九〇二—〇三年に発表した二つの論文によってである。その中で彼は、バッタの一種 *Brachystola magna* の減数分裂を完全に記述し、ボヴェリによって示唆されていた染色体の分離とメンデルの法則との関係を確立した。第一の論文の最後には、

> 父方と母方の染色体がいったん対合したあと、減数分裂の過程で分離していくというすでに述べた事実は、メンデルの遺伝法則の物理的な基礎をなすものである。

と述べている。第二の論文のタイトルは『遺伝における染色体』という明瞭なものだった。二十世紀

初頭にメンデル仮説が受容される際に、これらの細胞学的な結果が重要な役割を果たしたことは確実である。

遺伝の問題についての理論的な研究によっても、メンデル遺伝学を受け入れる準備が進められていた。一八八九年には、オランダ人ユーゴ・ド・フリースがその著書『細胞内パンゲネシス』のなかで、遺伝の担い手としての粒子の存在を提唱し、ダーウィンに倣ってそれをパンゲン pangène と呼んだ。ド・フリースの理論は粒子説であり、**液体**による遺伝という説に反対して、パンゲンを化学者が言う原子や分子のようなものと考えた。それでもこの説は、ダーウィンのパンゲネシス説とは根本的に異なっていた。というのも、この説では、「ジェミュールが身体全体に行きわたることを否定」したからである。また、

パンゲンは顕微鏡レベルのサイズであるが、化学でいう分子とは大きさが異なり、個々のパンゲンはたくさんの分子からできている。パンゲンは成長し、増殖し、生物の細胞のすべて、あるいは大部分で、細胞分裂の通常の過程によって分配されうる。それは不活性（潜在的）であっても、活性をもっていても、いつでも増殖できる。**生殖系列** *lignée germinale* の細胞ではパンゲンの大部分は不活性であるが、体細胞では最も強い活性をもつ。高等生物におけるパンゲン活性の配分の仕方は、ある細胞にあるパンゲンがすべて活性になるわけではなく、それぞれの細胞ごとにつねに少なくとも一種類のタイプのパンゲンが特に活性をもち、それによって細胞の性質を決めているのである。

ド・フリースにとって、細胞分化と遺伝的多様性（生殖細胞の場合）の両方を同時に説明する多様性の概念は、パンゲンそれ自体が変化するという点で定性的な（性質に注目した）ものであったが、特定の細胞におけるあるタイプのパンゲンが増えたり減ったりするという意味では定量的な（数量的に理解する）ものでもあった。

とはいえ、なんといっても最大の寄与をしたのはアウグスト・ヴァイスマンである。ド・フリースとヴァイスマンが互いに影響を与え合い、互いに認め合っていたのは確かだが、ヴァイスマンはとくに獲得形質の遺伝に反駁したことで知られている。彼は何世代にもわたってマウスの尾を切り続けたが、尾のないマウスを得ることはできなかった。しかし彼自身、次のように明言している。

> 正直にいうと、この実験を行ったのは本意ではない。なぜならこの実験では否定的な結果を得ることしか予想できなかったからである。

これを支持する証拠として、何世代にもわたって割礼を行ってきた民族でも、男の子はつねに包皮のあるまま産まれてきたと、彼はコメントしている。いずれにせよ、彼は当時の生物学者たちを納得させ、**ネオ・ダーウィニズム** *néo-darwinisme* の創始者とみなされている（ただし大部分のフランス人は違い、二十世紀中頃までネオ・ラマルキストであった）。この言葉はイギリス人の生物学者・進化学者であったジョージ・ジョン・ロメインによってつくられたもので、ダーウィンもラマルクに倣って受け入れていた獲得形質の伝達や用不用の影響を否定して自然選択の原理に傾倒する進化学者をひとまとめにしてこう呼んだのである。

さらにヴァイスマンは「生殖質」«plasma germinal»[1]という概念に基づく遺伝学説を提唱した。彼がこの説を提唱したのは一八八三年からであるが、より完成した形で出版したのは一八九二年である。この理論の出発点は、形質の遺伝には物質的基礎が必要だという確信であった。当時の知識を総合して考えると、この物質は細胞核の中にあるはずだった。多細胞生物〔多細胞動物だけである〕に関して、ヴァイスマンは体細胞と生殖細胞とを区別して以下のように記している。

生殖には特定の細胞が関わっているが、それは身体そのものを構成する細胞とは区別できる生殖細胞である。生殖細胞には体細胞とはまったく別の働きがあるので、明確に区別しなければならない。生殖細胞はそれを保持する生物の生活にはなくてもよいものだが、種の保存ができるのは生殖細胞だけである。

1　«plasma germinatif»という言葉もしばしば用いられるが、私はむしろ«plasma germinal»という言葉を使いたい。現在では卵や精子といった配偶子を生み出す細胞のことを「生殖細胞」«cellules germinales»と呼び、«cellules germinatives»は用いない。ヴァイスマンが生殖質の連続性だけでなく生殖細胞系列の連続性についても述べていたというような誤解が、一流の学者の間にも流布している。〔次の文献を参照のこと。L. W. Buss (1983), «Evolution, Development, and the Units of Selection», *Proc. Nat. Acad. Sci. USA*, vol. 80, p. 1387–1391; P. -H. Gouyon, J. -P. Henry, J. Arnould (1997), *Les Avatars du gène*, Paris, Belin, p. 71.〕

生殖系列と体細胞系列の区別は、彼が行った昆虫の発生についての観察に基づいていた。しばしば言われるのとは異なり、ヴァイスマンは生殖系列の保存や不死性について語ったことはなく、彼が述べたのは、世代から世代へと**生殖質** *plasma germinal* が保存されることだけだった。彼は次のようにさえ述べている。

ある種の昆虫では卵から胚への発生（これを卵割と呼ぶ）が始まるときに、卵の本体から小さな細胞がいくつか分離する。これが生殖細胞で、動物の体内に閉じこめられたまま、のちに生殖器官をつくるのである。淡水産のある種の小型甲殻類（ミジンコ）では、生殖細胞の分離が体細胞形成の直前ではなく、卵割の最初の三〇細胞以下の時期に起き、その場所にのちに生殖器官がつくられる。海中で自由に泳ぐヤムシ（*Sagitta* 属）では、体細胞から生殖細胞の分離が起きるのはもう少し遅く、卵割が終了したときである。脊椎動物の場合、このような分離が起きるのは胚が完全に形成された後である。（中略）遺伝という問題の観点から見ると、生殖細胞の分離が起きるのが早くても遅くても違いはなく、それは発生が始まる以前に生殖質の成分ができあがっているからである。

生殖質とその生成についてのヴァイスマンの説は、ド・フリースのパンゲネシス説よりも完全で、より複雑なものだった。生殖質は「生命要素」éléments vitaux の一つの階層をなすと思われた。こうした要素の第一のものは、「ビオフォア」biophores つまり「生命の担い手」であり、それは生命に一番大事な力、つまり同化や代謝、成長、分裂増殖などの力をもっている。ビオフォアは個別の分子ではなく、分子集団である。(中略) ビオフォアの原子組成を変えなくても、同じ分子の内部での原子の配置を変える可能性を考慮すれば、多様な種類ができると考えられる。現代化学の結果によれば、アルブミンの分子は分子量が一〇〇〇以上であり、そのことから考えて、アルブミン分子の異性体は無数にある。

これはじつにシュレーディンガーの「非周期的結晶」の考えに近い (**四章—1**)。ヴァイスマンは生殖質の化学組成としてタンパク質を考えたが、サケの精子にあるとフリードリヒ・ミーシャーが報告したばかりのヌクレイン (つまりDNA) であろうとは考えていなかった (当時のアルブミンはタンパク質というタイプ自体を表しており、われわれなら「タンパク質」を使う場面で、しばしば「アルブミン」という言葉が使われた)。

ビオフォアが集まって特定の順序で並ぶことにより、生命単位の第二階層として、細胞の**決定因子** *déterminants* をうみだす。細胞分裂の様式や頻度といったそれぞれの細胞の形質は、こうした決定因子によって制御されている。ただしこのことは、生殖質がそれぞれの細胞に特有の決定因子を有しているということではない。血液細胞など同じ種類の細胞には、ある一つの決定因子がある。（中略）これらの決定因子は生殖質の中で、ある決められた相互の配列に従って並んでおり、ある有限の大きさの塊を構成している。これがもう一つの生命単位であり、「イド *id*」である。（中略）染色体はこうしたイドの集まりで、それをわれわれは「イダン *idants*」と呼ぶ。

明らかにこの「イド」は、のちの「遺伝子」《gènes》を思い起こさせる。ヴァイスマンは別の文章で、染色体上に観察される粒子（染色小粒 chromomère またはバンド）のことを「イド」と考えていた。[1]

ヴァイスマンは詳しいしくみを示さないまま、イドやイダンが変化すると想定した。彼は染色体の**混合** *mélange* というしくみをいきなり考え出したが、それは今日知られる交叉に非常によく似たもので、それにより、子孫が父方や母方の形質をさまざまな組み合わせでうけつぐのは異なるイドの組み合わせによると説明できた。とはいえ彼は減数分裂の詳細について知らなかったため、この混合という過程が減数分裂のときに起きるとは考えず、接合子つまり受精卵において、精子と卵の核が融合する両性混合 amphimixie の過程で起きると考えた。

ヴァイスマンの説は、世代から世代への形質の伝達に関する純粋に定性的な理論であったが、同時に個体発生や細胞分化における細胞間での形質の伝達に関する理論でもあった。染色体上に局在するイドが分解すると、ビオフォアは活性になり核膜の穴を抜けて細胞質に移るのであったが、さながら今日の生物学におけるｍＲＮＡの移動のようである。このようにしてヴァイスマンは、あらゆる体細胞における染色体の同一性と細胞分化との矛盾という問題を解決したのであった。

ヴァイスマンの理論は今日のわれわれから見て、奇妙な憶測 spéculations とまさしく予言者的な見解との混ざり物であった。とはいうものの、ヴァイスマンの考え方が獲得形質の遺伝を否定し、遺伝には物質的な基質が必要であって、それが核や染色体に存在することを強く主張した点で、十九世紀末の生物学者に遺伝学の（再）誕生への準備をさせるものとなった。

こうして十九世紀末には、二種類の考え方が共存していた。メンデルにとって、将来人々が遺伝子と呼ぶことになるものは**記号** *symbole* でしかないものの、確かに配偶子の中にある**因子** *facteur* を表していると見なされた。ヴァイスマンにとって、遺伝子は染色体に存在する仮想的な**粒子** *particule* であった。これら二つの考え方は、二つの異なるアプローチを反映していた。メンデルは茎や葉などの体細胞における因子の発現についても示唆しているものの、遺伝における伝達にとくに関心があって**因子**という仮説をつくったのである。一方でヴァイスマンは、**イド粒子**がどのようにして形態的形質に翻訳されるのかに関心があった。

1　「イド」に当たるフランス語は「それ」ça だが、精神分析ではまったく別の意味になる。〔イドはもともとラテン語の代名詞である。フロイトの概念では、イドは無意識を指す〕

アウグスト・ヴァイスマン

アウグスト・ヴァイスマンは一八三四年にフランクフルトで生まれ、父はギムナジウムの教師であった。子供の頃は、なんとピアノを習っていた教師に誘われて、蝶やいろいろな昆虫を収集していた。

一八五二年にゲッティンゲン大学に入学し、医学を学んだ。大学を卒業すると、化学研究助手としてロストック大学で働いた。やがて化学をやめて医学の道に進み、オーストリアからの独立を果たす第二次イタリア独立戦争が行われた一八五九年、軍医長 médecin chef として働いた。一八六一年、動物学者ルドルフ・ロイカルトと出会い、しばらく共同研究を行った。その後フランクフルトに戻って、亡命中のオーストリア大公爵シュテファンの主治医となった。一八六三年には私講師（ドイツ語で Privatdozent）に任命され、次いでフライブルク大学の動物学教授となり、その後のすべての研究はそこで行われた。彼は動物学研究所長として、昆虫の胚発生と形態形成の研究を行ったが、とくにハエの生殖細胞が早期に分離することなどを観察した。のちには甲殻類やヒドロ虫の研究も行った。

一八八二年になると視力が衰えて、それ以上顕微鏡の仕事を続けるのが困難になったため、理論生物学の研究に力を注いだ。生殖質の理論など、彼の最も有名な研究はこの時期に行われたものである。

ヴァイスマンは一九一四年、フライブルク（Freiburg im Breisgau）で亡くなった。

第二章　遺伝子概念の誕生——記号としての遺伝子

メンデルは生物学的な遺伝現象を解明するための本質的な区別を導入した。それは伝達される形質とは異なるなにか別のものであり、のちにヨハンセンが**遺伝子** *gène* と呼ぶことになる**因子** *facteur* であった。この本質的な属性概念 propriété なくしては遺伝学を理解することはまったく不可能であったはずだが、二十世紀初めのメンデル遺伝学の初期には、まだなかなか受け入れられなかったのである。メンデルは今でも用いられている遺伝子を表す記号を導入した。彼は大胆な仮説を提案した。遺伝子は体細胞では二コピー存在していて（これをベイトソンは**対立遺伝子** *alleles* と呼んだ）（「対立遺伝子」という言葉は正式の学術用語ではあるが、一般読者には誤解を生みやすいかもしれない。「対立」と「遺伝子」の複合語ではなく、一つの概念である。最近の本では「アリール」「アレル」などと仮名書きで表すことも多い）、それが生殖細胞つまり配偶子では分配されるというのである。この仮説は十九世紀末から二十世紀初めの細胞学研究により実証され、この発見が染色体概念を準備することになる。ところが遺伝子そのものは多くの遺伝学者にとって純粋な記号であり、その本体がどんなものかまったくわからなかったのである。遺伝子の機能に関して唯一考えられる仮説自体が純粋に形式的なもので、それは優性に関する仮説であった。すなわち二つの対立遺伝子が存在するときに、優性なものの性質が細胞や個体の表現型として表れるというものである。遺伝子の記号的概念を徹底したものが数理遺伝学であり、集団レベルでの遺伝的多様性が数理モデルで表現される。遺伝学のこうした数理的アプローチは、とくに進化の問題については重要であり、それにより進化の**総合説**と呼ばれる理論が生まれ、メンデル遺伝学とダーウィン理論とが統合された。分子生物学の時代になると、数理遺伝学の研究が活発に行われ、生物集団の進化に関わる重要な研究成果が得られている。

1　メンデル革命

一八六五年、ボヘミア—モラヴィアにあるブルノ（現在のチェコ共和国）修道院の修道士であったグレゴール・メンデル（一八二二—八四）は、それまで八年間にわたって行ってきた実験の成果を、ブルノ自然誌学会において発表した。メンデルが行った二つの講演の内容は、翌年（一八六六年）、ブルノ自然誌学会誌に掲載された。

メンデルの実験についてては現在よく知られているものの、しばしば誤解され、不十分な形でしか説明されていない。[1]本項では、メンデルの主要な実験結果と結論をまとめたあとで、ダーウィンも含め同時代人には達成できなかったことを達成できるようにしたメンデルの方法論について述べ、さらに彼が提案した概念がいかに重要であって、それにより彼を遺伝学の正当な創始者と認めるべきかについても強調することにする。なお、この遺伝学という言葉は、この生物学の新しい分野に対して、ウイリアム・ベイトソン〔実際にはベイッォンに近く発音されることもあるようだが、ここでは慣例に従ってこのように記す〕によって一九〇六年に名づけられたものである。

では、メンデルが記載した実験結果はどんなものだったのだろうか。

メンデルが研究したのは、エンドウ（*Pisum sativum*）の変種を交雑して得られる子孫が示す性質であり、七セットの異なる対立形質について、何世代にもわたって調べた。最もよく知られた対立形質は、メンデルの**第一の実験**で使われたもので、種子が丸いか角張っている（しばしば誤って「しわ」と呼ばれている）か、というものだった（一八六六年に刊行されたメンデルの原論文八頁では、それぞれ、kugelrund（球形）と rundlich（丸みを帯びた）と書かれており、前者は種子表面のくぼみが浅いもの、後者は不規則に角張って kantig 深いしわがある runzlig ものと説明されている）。メンデルは七セットの対立形質のすべてについて実験を行い、第一世代の子孫であるメンデル式「雑種」、つまりF1（これは一九〇二年にベイトソンが定義した「最初の受精から得られた子孫」のことで、この表現は今でも使われている）がどれも均質であるという観察結果を得た。これに対し、これらの雑種を自家受粉させると、第二世代では祖先の形質が再び表れ、その比率は三対一となった。第三世代の実験結果を見ると、この三というグループがじつは二種類に分かれていることがわかり、祖先系統と同一のものと、第一世代雑種と同一のものとがあった。

1　多くの解説書ではメンデルが行った最初の二つの世代までの実験結果しか記載していないが、その解釈のためには第三世代の結果が必要だったのである。

こうした結果を、メンデルはどのように考えたのだろうか。

第一世代の解釈では、メンデルは「優性／劣性」という概念を導入した。第一世代で表れる形質を「優性」と呼び、表れない方を「劣性」と呼んだ。しばしば言われることとは異なり、一方の形質が他方の形質に対して示す優性について、メンデルは絶対的なルールとは考えなかった。彼自身、一八六五―六六年の論文の中で、白い花をつける*Phaseolus nanus*と紫色の花をつける*Phaseolus multiflorus*という二種類のインゲンの交雑においては、「雑種の花の色は（親よりも）薄くなる」と述べている。したがって重要なのは、第一世代の子孫が均質であることだった。〔「優性」と「劣性」という言葉は、その形質が優れている／劣っているという意味ではないことに注意が必要である。単に雑種第一世代でその形質が表現型として表れるか否かを表している〕

第二世代の結果の解釈は次のようになる。メンデルは「形質 caractères」（ドイツ語ではMerkmale　複数形）とは明確に区別される「因子 facteurs」（ドイツ語ではFactoren　複数形）または「要素 éléments」（ドイツ語ではElemente　複数形）という概念を導入した。この区別こそが画期的で本質的なのである。それ以前の研究者たちとは異なり、メンデルは、**世代から世代へと伝播されるものが形質とは異なる別のものであることを示し、それを因子と呼んだのである**。私が思うには、この区別がメンデルの最も重要な貢献であり、のちに**メンデルの法則**と呼ばれることになる分離比よりも重要なのである。[1]

メンデルの**因子**は、ヴィルヘルム・ヨハンセン以後、**遺伝子**と呼ばれることになるものに他ならない。さらにメンデルは、これらの因子を生殖細胞と的確に関連づけた。彼は「雑種の生殖細胞」と題するパラグラフの中で、**因子** *facteur* という言葉を導入した。「雑種が一定の形態をもつことを説明するには、同一の性質をもつ因子がともにはたらくことを考える必要がある」。メンデルが形質について語る場合、彼は子孫を A + 2Aa + a と書いていた。しかし花粉細胞や卵細胞に存在する因子について語る場合には、A + A + a + a と書き、受精の結果を上の式のように書いていた。

$$\frac{A}{A}+\frac{A}{a}+\frac{a}{A}+\frac{a}{a}$$

ここからは、メンデルが**形質**と**因子**を混同していなかったことがわかる。彼の頭の中では、優性にせよ劣性にせよ、一定の形質を生ずるには二つの**因子**が同じであることが必要だった。結論において彼は次のように述べている。

> エンドウ属においては、新しい胚を生み出すときに、二種類の生殖細胞の要素が完全に結合することはまったく疑いがない。そうでなければ、両親系統（今の言葉で言えば、ホモ接合の両親）がもつ二つの形態が、雑種後代において同じ数だけ出現し、完全にもとの性質を示すことを説明できるだろうか。

1　フランソワ・ジャコブは次のように述べている。「メンデルの主要な発見は、ある生物の目に見える「形質」が、細胞内に潜む「因子」と呼ばれる粒子に支配されていることを示したことだった」。メンデルがこの区別をしていなかったと述べる著者もいるが、メンデルの原著に関するこうした悪質な解釈は、誤りであることを断言しておきたい。

要素あるいは因子の仮説が、交雑の結果に対する唯一可能な解釈として示されていたのである。メンデルの方法とはいかなるもので、それまでの研究者や同時代の研究者の方法とはどのように異なっていたのだろうか。

第一に、いくつかの基準を決めてそれに基づいて実験をしていることが挙げられる。これらの基準は、それだけで成功を約束するとまでは言えないにせよ、明白な失敗を避けることだけは可能にした。『雑種植物の研究』の最初〔この部分は訳者による補完〕には、次のように書かれている。

実験に用いる植物は以下の条件を完全に満たさなければならない。(1) つねに決まった異なる形質を示すこと〔岩槻・須原訳『雑種植物の研究』では、「異なる形質」を意訳して「対立形質」と書かれているが、メンデルの原文にはそのような表現はない〕。(2) 雑種が花をつけたときに、外部の花粉によって受精が起きるという妨害が自然に起きないか、または容易に防げること。(3) 雑種やその子孫が世代を重ねても、目立った稔性の低下を示さないこと。

これが、メンデルがエンドウ属 *Pisum* を選んだ理由であった。最初の条件は、のちにヨハンセンが純系 *lignée pure* として理論化したものに当たる。第二の条件は、メンデルも引用しているケールロイターが行った人工授精の方法を述べたもので、実際的に必要な条件であった。第三の条件は、何世代にもわたる実験を行ううえで必要な生物学的制約条件であり、実際にメンデルは六世代にもわたって実験を行うこともあった。

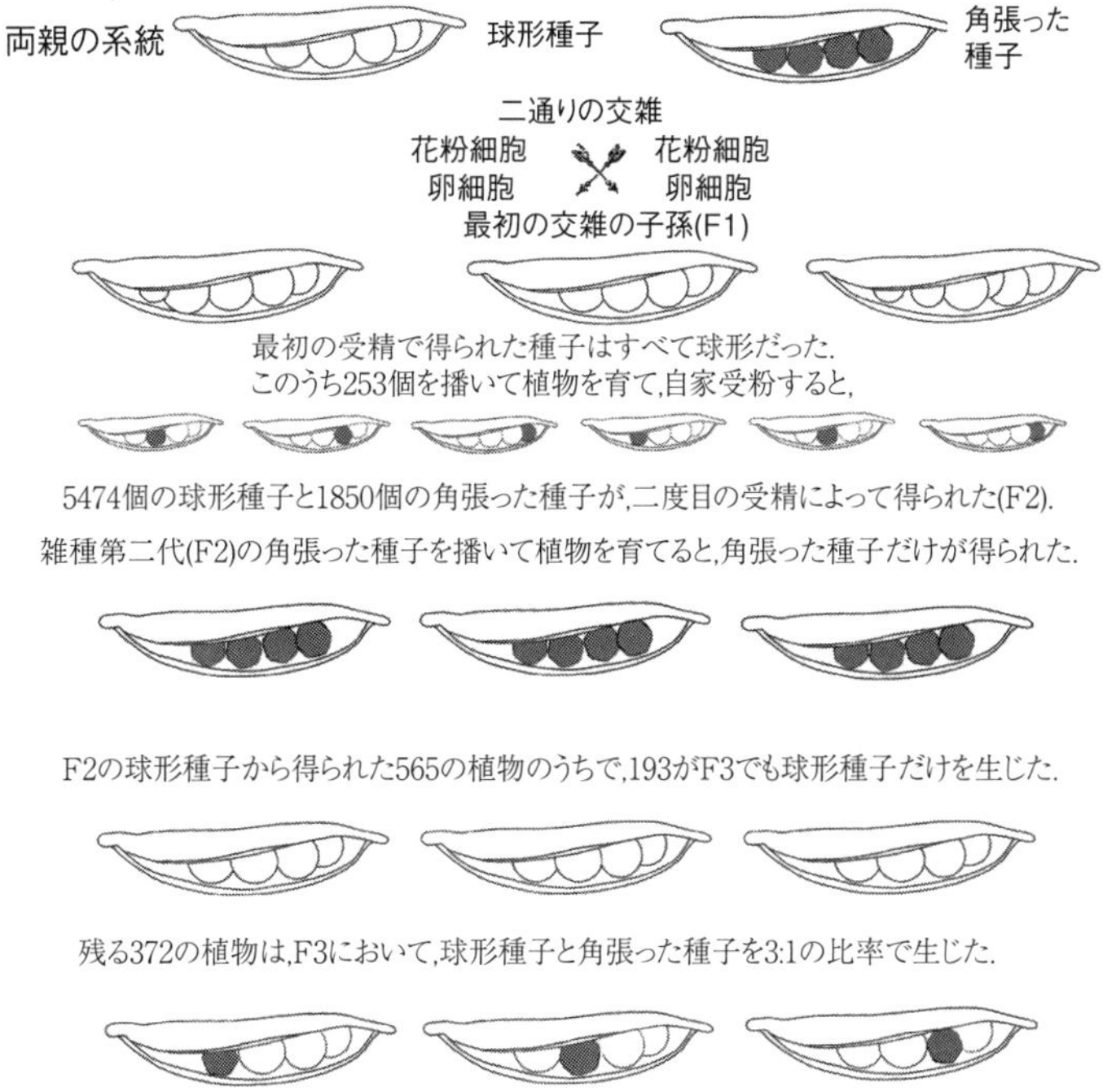

両親の系統
球形種子
角張った種子
二通りの交雑
花粉細胞
卵細胞
花粉細胞
卵細胞
最初の交雑の子孫(F1)
最初の受精で得られた種子はすべて球形だった.
このうち253個を播いて植物を育て,自家受粉すると,
5474個の球形種子と1850個の角張った種子が,二度目の受精によって得られた(F2).
雑種第二代(F2)の角張った種子を播いて植物を育てると,角張った種子だけが得られた.
F2の球形種子から得られた565の植物のうちで,193がF3でも球形種子だけを生じた.
残る372の植物は,F3において,球形種子と角張った種子を3:1の比率で生じた.

図1　メンデルの第一の実験

メンデルのこの実験は種子の形態に関するもので，メンデルが最初に記載したという意味でも「最初」で，いちばんよく知られているが，それだけでなく，メンデルは最先端の実験をいくつも行ったのである．この図〔これはメンデルが描いた図ではなく，本書の著者の図である〕ではわかりやすくするために角張った種子を灰色で示している．数字はメンデルが記載したものである．図中の文章も，ごくわずかな改変を除いてメンデル自身が書いていたものからの訳である（1907年のA・シャプリエによる翻訳）．交雑後の子孫を示す記号（F1，F2，F3）はベイトソンによって導入された表現法に対応しており，今でも使われている．メンデルは交雑の結果を六代目まで調べている．彼はまた，劣性形質（角張った種子）を示す系統と雑種第一代（F1）との戻し交雑も行っていて，「収穫した種子は，完全に予想どおりだった」と述べている．

第二には、研究する形質を次のように選択していたことが挙げられる。「確実で明白な特徴を示さない形質は、違いを判定するのが「多少とも」難しいため」、メンデルは採用しなかった。彼が用いたのは、「植物が示す白黒が明白な claire et tranchée 形質」であった。この選択は重要であった。技術的に見たとき、世代を経て子孫の示す形質の比率を確実に記録することは、これによって可能になった〔写真が自由に使えない当時としては、昨年のデータと今年のデータを比較することすら困難で、毎年基準が変わっては、正確な分離比を求めることができなかったはずだということを述べている〕。メンデルの選択は、フランシス・ゴールトンの選択とはちょうど逆で、ゴールトンは自身の遺伝学の研究において、連続的な多様性を示す量的形質に注目したのだった。

第三の方法論としては、メンデルの研究方法は徹底的に定量的で、その研究は大数の法則にのっとっていたことが挙げられる。彼自身、「一万個体以上もの植物を非常に細かく観察した」と述べている。なぜこんな努力をしたのだろうか。当時知られていた唯一の統計法則は「大数の法則」だけだった。メンデルは次のように述べている。

数的な真の関係を得るためにはできるだけ多くの数を集めて平均をとらなければならない。数が多いほど、より確実に偶然によるものを排除できるだろう。[1]

続いて、彼自身の理論に従うと、

七種類の対立形質がある場合、一万六千以上の雑種子孫あたり、ただ一つの両親系統も生じないはずである。したがって、実験に用いる植物が少数ではこれだけの数の子孫を得ることが容易ではない。

分散という統計概念は当時知られていなかったが、メンデルは結果が偶然によって変動することを考慮していた。彼は、「さやの違いの分配でもわかるように、形質の分配は植物ごとに異なる」と述べていた。その根拠として、二つの実験（球形種子／角張った種子、黄色の子葉／緑色の子葉）における最初の一〇個体の植物について観察された数を示す表をつくっていた。このような実験結果についての定量的で統計的なものの考え方は、当時の生物学者の研究では稀なことだった。こうした定量的なアプローチのヒントはおそらく、彼がウィーン大学で物理学の研究を行ったことから得られたものであろう。〔メンデルは遺伝の実験を始める以前に、ドップラーの研究室で物理学の研究をしていた〕

メンデルの第四の方法論は、最初の交雑結果から、子孫の遺伝的性質（今日の言葉では**遺伝子型**）についての解釈を得て、その仮説を検証するための新たな実験を行ったことである。たとえば、雑種の生殖細胞に二種類の因子が等量存在するという仮説を検証するためには、雑種を自家受粉させるのではなく、最初の親との間で戻し交配を行った。「収穫した種子は、完全に予想どおりだった」という、

1　カイ二乗テストは、メンデルの研究の「再発見」の年でもある一九〇〇年にカール・ピアソン（一八五七—一九三六）によって開発された。それ以外の統計テスト（ステューデントの t 検定、分散分析）は、一九二〇—三〇年代にロナルド・A・フィッシャーによって開発された。

フィッシャーによる論争

生物学者であり数学者でもあったイギリス人のロナルド・フィッシャーは、近代統計学の創始者であり、進化の総合説（二章―4）の先駆者でもあったが、メンデルの研究を取り上げて、その結果が「良すぎる」ことを示した。メンデルのデータは理論比に近すぎて、何らかのバイアスがあると思われたのである。この論争は最近まで続いていたが、結論としては、「論争をいつまでも続けるのはもうやめよう」となった。

この問題に取り組んだ優れた統計学者たちが、生じうる生物学的バイアスについて考えなかったことに、私は驚いてしまう。エンドウのさやに入っている種子の分布は古典的な二項分布には従っていない。なぜならそれは、次のような二種類の限界に制約されているからである。つまり、一つも種子を含んでいないさやは、仮にあったとしても最初から除かれており、多くの種子を含んでいるさや（メンデルの文章によるとおそらく九個以上）は、小さすぎたりおそらく不稔であったりしたため、実験に使えない種子しか含んでいないからである。私の意見では、メンデルの実験結果についてフィッシャーが検出したというバイアスは、これで説明できると思われる。

仮説演繹的な近代科学の方法論は、当時としてはまさに例外的であった。

最後にメンデルに特徴的だったことは、解釈の能力である。現代のわれわれにとってメンデルの論文がすばらしいものであるにしても、それは現代の教養をもって読むからである。メンデルは彼の因子を、花粉や卵細胞といった生殖細胞にあるものとしたが、あらゆる生物は細胞からできているという細胞説は、当時はまだ新しかった。細胞説は、植物についてはマッティアス・シュライデンにより、また動物についてはテオドール・シュヴァンにより、どちらも一八三八—三九年頃にまだ控えめな形で定式化された。細胞説が「すべての細胞は細胞から *omnis cellula e cellula*」という最終的な形として定式化されたのは一八五五年にルドルフ・フィルヒョウによってである。さらに、一個の雄性配偶子と一個の雌性配偶子との融合による受精は、ヒバマタ（褐藻）において一八五四年にギュスターヴ・アドルフ・テュレットにより記載され、次いでウニにおいて一八七五年にオスカル・ヘルトヴィヒにより記載された。

この受精の問題はメンデルにとっても重要な関心事であった。彼の結果を見ると、遺伝において雄によるたねつけだけが重要だという古い考えが誤っていることは明らかであった。

> もしも卵が花粉細胞に対して表面的な作用しかもたず、その役割が栄養的なものでしかないならば、人工授精の結果は実際に得られたものとは異なり、雑種が花粉親とだけ似ているかそれに近い結果になるであろう。これまでのわれわれの研究結果は、これをまったく支持しない。これらの結果を見れば明らかに、二種類の細胞の内容が完全に融合していることについて、あらゆる面で非常に強い証拠が確認される。すなわち、雑種の形質については、どちらの親が花粉を提供するか卵を提供するかは関係ないのである。

しかし最も注目すべき（そして最も大胆な）ことは、メンデルが、

Aやaという形質をもつ花粉細胞や卵細胞は、一般に受精に対して対等に参加している。したがって、四つの個体ができる以上は、それぞれ二回ずつ参加することになる。

と述べていることである。これは減数分裂を知っているわれわれにとっては驚くことではない。われわれから見ると、四つの個体は、一つの二倍体細胞から減数分裂で生じた四つの配偶子（生殖細胞）である。しかしメンデルが自分の実験結果を考察していたときのことを考えると、彼はこれら「四つの個体」を見ていたわけではなく、たくさんの植物を見ていただけではないか！「四つの個体」は頭の中のイメージでしかなく、解釈の結果でしかなかった。何らかの形で彼は減数分裂を考え出したわけだが、それは彼が知らなかった染色体レベルのことではなく、純粋に形式的な減数分裂であったことになる。なぜなら、植物に存在する二つの**因子**Aとaが、因子を一つだけしかもたない四つの生殖細胞に渡されるからである。

ここで疑問となるのは、メンデルの本当にたぐいまれなこうした「先見の明」prescience がわざわいして、彼の研究が深く検討されなかったのかどうかということである。当時の研究者から見れば、彼の解釈は一人歩きしていて、確固とした根拠をもたないものであったと考えられてもおかしくなかった。メンデルの考えが受け入れられるのは、細胞学によって彼の形式的な解釈が完全に確認されて

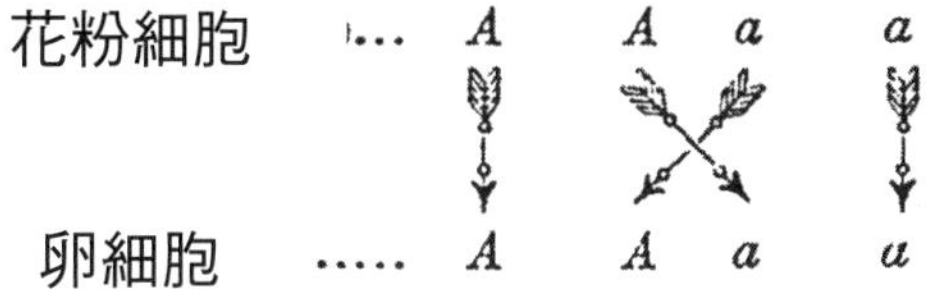

からなのである（一章―3）。

最後に挙げる点は、よく知られたように、メンデルは現在でも使われている遺伝学の記号書式を生み出したことである。因子（や形質）は、二つの文字の組み合わせで、A／a、B／bなどと表される。数学的とも言えるこの書き方によって、遺伝学に形式（論理）的な側面が与えられた。これによって、遺伝子概念の生物学的実体に関する知識とは無関係に、遺伝的な仮説を扱うことができるようになった。しかしメンデルの因子が形式的な仮説であるとしても、ダーウィンのジェミュールとは異なり、メンデルがそれらを細胞の中に具体的に位置づけていたことは忘れてはならない点である。

メンデルがどうしてその研究を最後まで続けなかったのかという問題を最後に考えてみよう。メンデルの伝記作者たちはみな、メンデルが自分で実験をする時間がなくなったことを挙げている。それは一八六八年にメンデルがブルノ修道院長に任命されたからである。しかし一八六九年にはブルノ自然誌学会の報告集に二番目の論文を発表しているのである。今回は*Hieracium*属のヤナギタンポポについて行った雑種の研究であり、それはミュンヘン大学教授であった高名な植物学者カール・ヴィルヘルム・フォン・ネーゲリの示唆に基づいていた。この研究では、エンドウやその他の植物について得られた法則を確認するどころか、まったく異なる結果が得られたのである。実際、雑種実験の材料としてこれほどまでに悪い材料選択はなかった。なぜならこの植物は、アポミクシスと呼ばれる単為発生によって繁殖しているきわめて稀な被子植物だからである。私の仮説としては、世代を通じた形質の伝達についての自身の仮説が一般化できないことに、メンデル自身非常に落胆してしまい、そのために遺伝学研究をやめる決心をしたのだろうと思われる。

グレゴール・メンデル

ヨハン・メンデルは一八二二年、チェコのドイツ語圏の農民の家に生まれた。彼はずば抜けた才能があったが、貧しい家で子供が多くいたため、勉学を続けるために宗教の道に入った。一八四三年にブルノ（ドイツ語ではブリュン）の修道院に入ったが、そこは当時、教育と研究で名高いセンターでもあった。そこで彼はグレゴールという名前を受けた。修道院長の計らいで、彼は一八五一年にウィーン大学に派遣され、研究を行った。そこで彼は、自然に関する学問 sciences naturelles〔言葉どおりであれば自然科学なので、物理学も含まれそうに思われるが、ここでは自然誌を指しているようである〕の他に、数学と物理学をドップラーの研究室で学んだ。彼が受精の問題に関心を持ったのも、ウィーンでのことである。一八五四年にブルノの修道院に戻ると、彼は生涯をそこで過ごした。一八五四年夏から、彼はエンドウの交雑実験を修道院の植物園で始め、八年間続けた。一八六一年、ブルノの自然誌学会に入会を許され、一八六五年にはそこで雑種実験についての二つの発表を行ったが、それらが翌年には論文として出版された。ミュンヘン大学植物学教授であったカール・ヴィルヘルム・フォン・ネーゲリとの手紙のやりとりの結果、メンデルはヤナギタンポポについての交雑を行ったが、他の植物での結果とは異なり、エンドウでの実験結果と類似した結果を得ることはできなかった。メンデルは一八六八年に修道院長に任命された。それ以後、彼は修道院の運営の他、養蜂と気象学に専念した。

メンデルは一八八四年に亡くなった。

2 メンデル再発見と古典遺伝学の主要概念のはじまり

一九〇〇年という一年のうちに数週間ずつの間をおいて、三五年前にメンデルが得ていた結果を再現し、確認する数報の研究論文が発表された。発表したのは、オランダ人ド・フリース、ドイツ人カール・コレンス、オーストリア人エリッヒ・チェルマク・フォン・ザイゼネッグという三名の植物学者であった。最初に**メンデルの法則**という言葉を使ったのは、コレンスだった。これが一般に**メンデルの再発見**と呼ばれている。こうした論文が時を同じくして世に出たのは、十九世紀末の数年間に、これら三名の研究者が、同様の手法で、一部は同じ生物材料を使って、並行して研究を進めていた結果である。それぞれ別の植物でも研究していたものの、三人ともメンデルが使ったエンドウも使って実験を行ったのである。しかしこのことはとくに、それぞれの研究者たちがいかによく準備していたかの反映でもある。

雑種をつくる実験をしていたのは彼らだけでなく、動物の交雑実験を行った研究者もいた。なかでも有名なのは、イギリスのウィリアム・ベイトソンとフランスのリュシアン・ケノーであった。

ウィリアム・ベイトソンが関心を持ったのは、遺伝の問題自体以上に、多様性や種の起原の問題だった。彼は明らかに進化論者ではあったが、ダーウィンのいくつかの概念を根本から疑ってかかっていた。たとえば、進化がごく小さな変化のゆっくりとした蓄積によって進んだという漸進主義graduálisme や、種間に見られる多様性が適応的であるとする選択の万能性を疑ったのである。彼は一八九四年に『多様性研究の材料、とくに種の起原における不連続性について』という本を著した。その中で、彼自身が自然の中で観察した多様性や科学文献から集めた多様性についてまとめているが、なかでもホメオティックと彼が呼んだ変化について、「それはでたらめに身体の形が変わるのではなく、身体の一部分が別の部分に変化するものである」と述べている。結論においてベイトソンは次のように述べている。

こうした種の起原の問題全体を通じて最も注目すべき点は、いつもガイドがあるわけではないことである。交雑実験を体系的に組み立てることが真理に到達するためにわれわれが望むことのできる唯一の手段であり、これは生物学の他の研究に比べても、より多くの忍耐と資源を必要とする研究分野である。

これはまさしく遺伝学の未来を拓く実験プログラムであった。

ベイトソンは王立園芸学協会の有力メンバーであり、一八九九年にはこの学会で、「科学研究の方法論としての雑種形成と交雑」という論文を発表している。そこには、**再発見**に際してメンデル遺伝学の発表を受け入れる準備ができていたことがうかがえる。一九〇〇年五月、ウィリアム・ベイトソンは、パリの科学アカデミー報告に出版されたばかりのド・フリースの論文を読んでショックを受け、これから王立園芸学協会で行うことになっていた講演の文章を、ロンドンに向かう列車の中で、メンデルの研究を賞賛するものに修正しようとしたらしい。刊行された講演の論文は、予言者のような宣言で始まっている。

生物学的知識において将来ありうるどんな進歩に比べても、こうして遺伝の法則が厳密に決定されたということは、おそらく地球上の人類に関しても、また自然に対する人類の支配力にも、より大きな変化を起こすであろう。

ベイトソンは自身の忠告をすでに実行に移していて、一八九八年には、ロンドン近郊のマートン・ハウスにある自宅で、さまざまな系統の家禽の交雑実験をスタートしていた。彼はとくにとさかの形の多様性について研究した。こうして彼は、ケノーとともに、動物において初めて、メンデル遺伝による形質の分離を証明したのである。彼は共同研究者であるチャールズ・ハースト、エディット・レベッカ・サウンダース、レジナルド・パネットとともに、動物も植物も含めてさまざまな種の交雑実験を行った。花の色に影響のある二組の対立遺伝子を使った交雑では、一方の遺伝子によって他の遺伝子の表現型が決められてしまうという遺伝子間相互作用の現象を発見し、この現象に**エピスタシス**という名前をつけたが、これは今でも使われている言葉である。サウンダースはアラセイトウ属 *Matthiola*（園芸家に珍重される装飾用の植物）を使って、またパネットはスイートピーの一種 *Lathyrus* を使って、それぞれメンデルが記載したのとは違って二つの因子の分離が独立ではないことを示す結果を得た。ベイトソンとその共同研究者たちはこの現象を「部分的配偶子共役 *partial gametic coupling*」と名づけたが、これが二つの遺伝子間の遺伝的連鎖の最初の発見であった。ただしその正しい解釈がわかるには、トーマス・モーガンとその共同研究者たちの研究を待たなければならない。

ベイトソンは一九〇〇年からメンデル遺伝学の宣伝者となった。一九〇二年にはメンデルの論文の翻訳も含む『遺伝に関するメンデルの原理。その擁護』を著し、一九〇九年にはその増補版も出版された。一九〇六年に王立園芸学協会が開催した植物の雑種と交雑に関する第三回国際会議は、ベイトソンの呼びかけで、第三回国際遺伝学会議と名称を変更した。これが遺伝学という新しい学問の公式の誕生であった。一九〇九年にはケンブリッジ大学に「遺伝学、遺伝および多様性」という講座が創設され、ベイトソンが最初の教授となった。

これと並行して遺伝学の基本的概念が整えられた。ベイトソンが導入した言葉や概念には、**遺伝学**はもちろんのこと、配偶子形成において分離する二つの要素を表す**対立遺伝子**（はじめは *allélomorphe* といわれたが、現在では短く *allèle* となっている）や、受精卵でこれら二つの要素が再結合する状態を表す**ホモ接合体**と**ヘテロ接合体**もある。交雑に関する説明をより明確にするために、ベイトソンは今日でも使われている以下の命名法を導入した。すなわち、両親の世代をPで表し、（最初の受精によって得られる）子孫第一世代をF1、第二世代をF2などと呼ぶ命名法である。

デンマークの植物学者ヴィルヘルム・ヨハンセンも大きな貢献をした。**遺伝子** *gène* という言葉を一九〇九年に導入したのはヨハンセンであるが、この言葉はド・フリースの**パンゲン** *pangène* をもとにして、メンデルが使っていた因子を表すようにしたものである。彼は遺伝研究において純系を定義し、純系を用いる重要性を強調した。彼はゴールトンが好んで用いたモデルに再び注目して、インゲンの種子の重さの実験を行った。ヨハンセンが示したのは、ある平均値の周辺で分散しているという均一な表現型を示す集団でも、遺伝学的に不均一であれば、繰り返し選択を行うことにより、重い種子、軽い種子、中間の種子などをもつそれぞれ「純系」を取り出すことができるということであった。こうした純系においてもつねに個体間の差異はあるが、もとの集団に比べれば少ない。さらに純系間での交雑では、メンデルの法則が当てはまる。こうしてヨハンセンは、量的形質についてもメンデル遺伝が適用できることを初めて示した。いうなれば、「ゴールトンの法則」がどのようにしてメンデル遺伝学の言葉で説明できるのかを示したことになる。

これに加えて重要なこととして、ベイトソンが**表現型**と**遺伝子型**の概念を定義し、その違いを明確にしたことが挙げられる。

どのような表現型が表れるかということでは、遺伝子についてなにも語ることはできない。遺伝子型の違いがなくても異なる表現型が表れることもありうるし、また、遺伝子型が異なっても表現型が似ていることもある。したがって、「表現型」の概念と「遺伝子型」の概念は分けて考えることが重要である。

ベイトソンが**遺伝の染色体説**を受け入れたのはずっと後になってからである。彼がこの説をなかなか受け入れなかったのは、ひとつには脊椎動物の脊椎のように、彼が**メリスティック**（分節的 *méristique*）と呼ぶ繰り返し構造によって、動物や植物の身体のつくりを理解しようとしていたためである。その結果、彼は発生を波動現象のように見なし、遺伝子を粒子ではなく波動のようなものと考えていた。ちょうどその頃、物理学では波動と粒子の二重性が話題となっていて、アインシュタインによって光子概念が導入される一方で、ルイ・ド・ブロイによって電子にも波動性が認められ、ついにはシュレーディンガーの波動方程式によって粒子と波動の二重性が一般化された。もしもベイトソンが今日のオリヴィエ・プルキエらの研究グループの研究を知ったなら、さぞ驚き満足するであろう。この研究では脊椎動物の体節構造（脊椎とそれに付随する筋肉を指す）の形成が一種の振動現象であることを明らかにし、発生に関わる遺伝子産物の分子が「時計」のように（節時計、分節時計などという）周期的に変化したり、空間的な「波」をつくったりすることによって、規則的な体節がつくられることがわかったからである。

ド・フリースは耕作放棄地や彼自身の庭で育てたマツヨイグサの観察に基づき、一九〇一年以後、『（突然）変異論』を発表した。*Oenothera lamarckiana* は野山にもあり、庭でも栽培される（オオ）マツヨイグサである〔ド・フリースが研究したこの植物の学名は現在使われていないが、多くの文献ではオオマツヨイグサ *Oenothera erythrosepala* と書かれている〕。ド・フリースは変異型が突然出現し（たとえば、茎の丈などが大きく異なるもの）、その後純系のようにふるまう（分離しない）ことを見いだした。ド・フリースはこのオオマツヨイグサに関する観察結果を一般化して、進化の跳躍説を支持するものと考えた。この説はダーウィンの漸進説とは逆に、新種をいきなり生み出すような大きな変化が急に起こるとした。ド・フリースは遺伝そのものの問題よりも進化の問題に関心があり、彼自身の業績の中で、**再発見**に結びついた雑種の研究よりも、変異理論の方が重要と考えていた。その後の研究により、オオマツヨイグサにおける観察結果は、マツヨイグサ属の染色体の特殊性によるもので、一般化できないことが明らかにされている。いずれにしても、遺伝物質の急激な変化を意味する変異 mutation という概念がこうして生まれ、その後少し異なる意味で遺伝学者に受け入れられていった。〔現在使われる遺伝学用語では、mutation に相当する言葉として、「突然変異」ではなく「変異」を使う。以前は、「変異」を variation に対する言葉として、必ずしも遺伝的な変化を伴わない表現型の多様性を表すものとして区別していた。「突然変異」という言葉は、あたかも「突然」と「変異」からできているように聞こえ、では、突然でない変異もあるのか、というような疑問をもたれる恐れもあったためと、現代の生物学の知識では混同されないと判断されたものと思われる。本書ではそれぞれ mutation を変異、variation を多様性（変化）と訳しておくが、文脈によっては後者も変異と訳している〕

微小変異を考えるダーウィンの説を批判して突然飛躍が起きると考えた研究者は、ベイトソンとド・フリースに限らず、また彼ら以前にもいた。ダーウィンの友人であるトマス・ヘンリー・ハックスリーは、一方ではダーウィンの説を熱狂的に支持したことで「ダーウィンのブルドッグ」とも呼ばれたが、一世紀前にリンネが支持した「**自然は飛躍をしない**〔多くの学者が同様のことを述べているが、ライプニッツの言葉として有名である〕」という概念を無批判に採用した」として、『種の起原』出版直後からダーウィンを批判した。ハックスリーはさらに「元素変換」transmutation を含む多様性の理論を提唱したが、これは化学のアナロジーを使った今日の分子生物学の考え方の先駆けとなった。不思議なことに、そのあとに起きた論争では、ダーウィンの実のいとこであるフランシス・ゴールトンがダーウィンのパンゲネシス理論を批判して、不連続変化説を支持した。

イギリスでは、ベイトソンに激励され、オランダのド・フリースとデンマークのヨハンセンに支持されたメンデル主義者が、フランシス・ゴールトンのあとを受けたカール・ピアソンに率いられた生物統計学者に闘いを挑んだ。遺伝に関するメンデルの考えと進化に関するダーウィンの理論との確執は、今日のわれわれから見ると理解しにくいものである。遺伝に関しても多様性の原因に関しても、ダーウィンが正しい理論を知らなかったことを考慮すべきである。ヴァイスマンに続くネオ・ダーウィニズム論者たちによる獲得形質の遺伝の否定のあとも、選択それ自身が多様性を「創造する」と信じていたダーウィン学派の学者がいたのである。他方、すでに見たように、ベイトソンは一八九四年に出版した『多様性研究の材料』以来、自然界に実際に観察される多様性に基づいて、ダーウィンの漸進主義を攻撃していた。

フランスでの状況はまったく異なっていた。ネオ・ラマルク主義の生物学的**伝統**をもつ環境にあって、リュシアン・ケノーは実際のところ明らかなダーウィン主義者であり、ヴァイスマンの理論を支持していた点で、ネオ・ダーウィン主義者でもあった。[1] 最初はベイトソンやその他の初期メンデル主義者の人々と同様に種の起原における変異の役割に重点を置く考え方をもっていたが、のちには、適

1　ネオ・ラマルク主義は獲得形質の遺伝的伝達の可能性を保持している考え方であり、ヴァイスマンやその後継者たちのネオ・ダーウィン主義に対抗していた。獲得形質の遺伝はラマルクの時代の人々ばかりかダーウィン自身にも信じられていた考え方だったので、こうした用語の使い方は不幸というべきである。

応を彼自身の研究の核心に据えて、さらに極端な「ダーウィン主義」の立場をとった。一八九八年に始まったマウスを使った交雑実験が、一九〇二年の論文の主題となった。そこでは動物でもメンデル遺伝が起きることを証明していた。実験の面でいえば、異なる遺伝子間のエピスタシス関係を明らかにし、マウスの黄色の毛色に関する致死遺伝子の最初の例を発見し、さらに一つの遺伝子で複数の形質に影響を与える多面性という現象を、それ以前にドイツ人ヨハン・ヴィルヘルム・ハーケが研究したマウスの「ワルツァー」変異について発見した。加えて、ケノーはマウスのがんと遺伝学との関係を明らかにした最初の研究者でもあった。彼はナンシー大学教授を務めていたが、一九一四年には戦争のため、研究室と研究を放棄しなければならなかった。その後は動物学や進化学の優れた研究をしたが、遺伝学の研究には戻らなかった。

ウィリアム・ベイトソン

ウィリアム・ベイトソンは一八六一年に生まれた。父はケンブリッジ大学セント・ジョンズ・カレッジの「長」で、宗教面と行政面を管轄する役割を果たしていた。ウィリアム・ベイトソンの人生はすべてケンブリッジを中心に回っていたといってもよいだろう。一八七九年に当カレッジに当然のごとくに入学し、動物学と生理学を学んだ。博士課程の研究では、海産性半索動物（ギボシムシ綱）の胚発生について、ボルチモア大学のウィリアム・ブルックスのグループと共同研究した。「個体発生は系統発生を繰り返す」という当時の考え方に沿って創設した半索動物門は現在まで残っている。

学位取得後は、セント・ジョンズ・カレッジにフェローとして勤務したが、発生学の研究をやめて、環境と進化の関係の研究に打ち込んだ。この関係で、二度の遠征を行った。一度は現在のカザフスタンにあるアラル海の周辺、もう一度はナイル川流域だった。彼は適応が種の起原であるという説を支持するデータをまったく得ることができず、その結果、一八九四年には有名な『多様性研究の材料』を書くことになった。彼が進化に関して漸進説ではなく跳躍説に傾いていたことにより、一九〇〇年の**再発見**においてメンデル遺伝学を受容しやすくなっていた可能性がある。

それ以後、彼はメンデル遺伝学の擁護に全力を尽くし、一九〇四年に生まれた三男には「グレゴリー」という名前をつけたくらいであった。このころはピアソンや生物統計学者たちとの論争の時期でもあった。おそらくこの論争のため、ウィリアム・ベイトソンは数学者に対して軽蔑の態度を示し、数学は「商売のためにしかならない」学問だと考えていた。そのほかにも彼は、獲得形質の遺伝を主張したオーストリア人パウル・カンメラーとも激しく対立した。

彼は一九〇八年、ケンブリッジ大学初の遺伝学講座の教授に任命され、一九二六年に亡くなった。

3　単位形質

単位形質 *caractère-unité* という言葉は、一九〇二年にベイトソンによって導入されたが、これはヨハンセンによって**遺伝子** *gène* という言葉がつくられるより前だった。ベイトソンがこの言葉を使った目的は、生物がもつ複数の形質が、交雑において離れたり再結合したりすることがありうることを強調するためであった。この言葉の意味が、遺伝学的な因子と形質とが一対一対応する、すなわち、一つの因子が一つの形質に一対一に対応する関係を示すと理解されてしまったため、この言葉を使ったことは残念だった。ところがすぐに、ニワトリの交雑に関するベイトソン自身の結果に基づいて、とさかの形質の伝達には複数の遺伝的要因が関わっているはずだということがわかったのである。単位形質という言葉は、交雑実験を説明するベイトソンの講演のなかで話を単純化するために導入されたものだったが、初期の遺伝学者に、**因子**と**形質**に関わる理論的な混乱を引き起こしてしまった。

一九〇九年になると、ヨハンセンによって導入された遺伝子型と表現型との明確な区別に基づく遺伝子概念が、単位形質という概念と明らかに矛盾するようになった。実際にはヨハンセンも一つの形質が複数の遺伝子に対応しうることを述べており、そのことはメンデル自身も、インゲンの交雑実験における花の色の分離を説明するために考えていたことであった。

それにもかかわらず、単位形質という考え方はなくならなかった。その熱烈な擁護をした一人がウイリアム・アーネスト・キャッスルというアメリカの遺伝学者で、彼は小型のほ乳類（マウス、ラット、ウサギ、モルモット）を使った交雑実験の解析を行っていた。一九一九年になってもまだ、キャッスルは単位形質について次のような定義をしていた。

（1）単位形質とはメンデル遺伝によって分離できないひとつの形質として挙動するまとまった可視的な生物形質であり、（2）すなわち、この単位形質が生殖細胞に存在し、その可視的形質を生み出すのである。

見たところ、キャッスルはメンデル遺伝学を完全に肯定しながら、形質と因子（遺伝子）との根本的な区別の点で逆戻りしてしまっているようである。しかし同じ論文の中で彼は次のようにも述べている。

ヨハンセンはこれら二つの言葉が論理的に逆のものであることを強調し、生殖細胞の仮想的な決定因子に「遺伝子」という言葉を提案した。

キャッスルの立場は極端で、メンデルのA／aという二種類の文字を使い分ける記号の用法までも否定してかかり、単位形質の表記のためには単一の文字だけで十分であると主張した。その論理的な説明としては、劣性形質（a）はたんに単位形質が存在しないということだとした。さらにキャッスルは、トーマス・モーガン学派による直線状遺伝子地図を生み出した遺伝的連鎖の解釈にも反対したため、当然のごとく、泥沼の論争の中に引き込まれていった。

メンデル遺伝学を拒否するフランスのネオ・ラマルク主義者に対して、単位形質という概念はあらたな論争の種をもたらした。ネオ・ラマルク主義者たちは、生物が持つ機能的全体性を重視し、「環境と同様に、生物は単位形質のモザイクに過ぎない」という考え方に対立したのである。単位形質という考え方は、ベイトソンと共同研究者たちが遺伝的連鎖について行ったいくつかの現象についての正しい解釈にブレーキをかけた。これはまずヨハンセンによって是正されたが、最終的に是正されたのはもう少し後で、モーガンによってであった。

モーガンは一つの形質に対して一つの遺伝子が対応するという考えを明確に否定した。一九二八年に彼は次のように述べている。

一つの変異による変化がただ一つのダメージや身体の特定の部位のごくわずかな変化だけを引き起こすと考えるわけにはいかない。むしろ逆に、ショウジョウバエで得られたデータによれば、身体の特定の部位がとくに影響を受ける場合、全身とまでいえないにしても身体の他のいくつかの部分にもさまざまな影響があるのが普通で、これは他の生物の研究で得られた結果とも合致する。

さらに彼は続けて、「逆の関係も同様に確立している」と述べている。したがって、どの遺伝子も一つの形質に対応するわけではなく、どの形質も唯一の遺伝子に対応するわけでもない。この点はきわめて重要である。単位形質という概念を否定することにより、遺伝子と形質はより複雑な関係があること、そして遺伝子間にも複雑な関係があることが理解されるようになった。

現在でも一般の人々は、たとえば「眼の色の遺伝子」について語ったりする。遺伝子と形質との関係についての誤った考え方は、「古典」遺伝学誕生の始めから反駁されてきたものである。ここで重要な点は、二十世紀初頭にメンデルが再発見された後でも、遺伝子と形質との区別が、メンデル主義を自認する一部の遺伝学者にとってもまだ曖昧だったことである。

ヴィルヘルム・ヨハンセン

ヴィルヘルム・ルートヴィヒ・ヨハンセンは一八五七年にコペンハーゲンで生まれた。彼の長期にわたる大学での研究の費用を父が負担することができなかったため、彼は薬剤師の職を選んだ。それでも彼は、大学の最後の一年で、植物学や化学を学んだ。一八八一年、彼はカールスバーグ研究所の化学者として採用され、窒素含有有機化合物の研究で名高いケルダールの指導のもとでオオムギの研究を行った。この研究所在任中に、彼はフランスやドイツに研究旅行を行う機会を得た。

一八八七年、ヨハンセンはカールスバーグ研究所を退職したが、オオムギの休眠についての研究を、はじめコペンハーゲン大学で、のちにドイツのいくつかの大学で続けた。一八九二年、王立農業医科大学の植物生理学講師として迎えられ、次いで一九〇五年にはコペンハーゲン大学の植物生理学教授の地位についた。博士の学位のない彼がこのような評価を受けるのは異例のことであった。彼は一生涯そこで研究生活を続けた。

二十世紀初頭、彼はウィリアム・ベイトソンと親交をもった。ケンブリッジ大学を訪問した時の写真も残っている。彼はコペンハーゲンで一九二七年に亡くなった。遺伝学者レスリー・ダンによれば、「彼は十九世紀と二十世紀の間で、遺伝と進化に関する考え方の橋渡しをした」。

4　「数理的な」遺伝子と集団遺伝学

ヨハンセンによれば、遺伝子はたんに概念的なもので、なんらかの生物学的構造に組み込まれているわけではない。彼は一九〇九年に次のように述べている。

遺伝子という言葉は、これらの遺伝的因子を簡単に正しく表すのに用いられる。（中略）この言葉はどんな仮説ともまったく無関係である。（中略）実際のところ、私たちはこれらの遺伝的因子の実体について何も知らないといってよい。遺伝子という言葉で表されるものにはさまざまな種類のものが含まれる可能性がある。（中略）今日、遺伝子は計算の単位 *Rechnungseinheit* として使われなければならない。決して、ダーウィンのジェミュールのような形態的単位や、ビオフォアや決定因子、その他の仮想的なものとして使ってはならない。

メンデルによってはじめられ、現代でも使われている A/a、B/b など、遺伝子の記号的性質や形式的な遺伝学命名法は、数学者が興味を持つところとなった。一九〇八年、イギリスの数学者ゴッドフレイ・ハロルド・ハーディは、科学誌『サイエンス』に、「自分がまったく知識のない分野のことではあるが」と言い訳をしながら、ハーディ・ワインベルク平衡の法則の論文を書いた。同じ年に、ドイツの外科医ヴィルヘルム・ワインベルクも、同じ方程式を発表した。その法則によれば、一つの遺伝子の二つの対立遺伝子Aとaの集団内の頻度は平衡状態にあり、世代が進んでも変化しないというのである。つまり、常識的な考えとは異なり、優性対立遺伝子が集団内で増えたり、劣性対立遺伝子がなくなったりすることはない。この法則には、集団サイズが無限で、交雑はランダムに起きる（これを任意交雑と呼ぶ）という前提があった。こうした極端な前提は、生物学の現実とは適合しないが、ハーディ・ワインベルク平衡は多くの場合に実際に当てはまることが確かめられた。つまり、よい理論的モデルは、仮定された変数にあまり依存しないきわめてロバストなモデルとなるのである。このことにより、数理遺伝学の信憑性が広く受け入れられることになった。

イギリスの優れた数学者であったロナルド・フィッシャーは、統計学者として、百分率の比較におけるt検定（ステューデントのt検定と呼ばれる）を発明し、分布関数の数学的な定式化を行い、最尤法の概念と計算法を確立した。統計学の研究では、はじめカール・ピアソンと近い関係にあったが、その後すぐに、まず統計学に関して、ついで、フィッシャーがメンデル遺伝学に興味を持ったことによって、両者は不仲になった。一九一八年、フィッシャーは「メンデル遺伝を仮定した場合に血縁者に見られる相関」という論文を発表したが、ピアソンとの確執のため、発表するまでに苦労した。一九三〇年には、『自然選択の一般理論』という本を出版したが、その第二章は「自然選択の基本定理」であった。そこには次のように書かれていた。

メンデル遺伝という事実に基づくと、自然選択の合理的な理論を構築することができる。（中略）メンデル遺伝学は、ダーウィン理論の構造に欠けていたものを補ってくれる。

フィッシャーは**進化の総合説**の誕生に、間違いなく大きな役割を果たした。

彼らの厳しい対立を考えると、ロンドン大学ユニバーシティ・カレッジの優生学講座の教授として、ロナルド・フィッシャーがカール・ピアソンの後継者となったことは逆説的であった。しかし当時の多くの学者と同様、フィッシャーが優生学の強固な支持者であり、「フランスにおける家族手当の配分の仕方はまったく不適切である」（当時の政策は上流階級よりも下流階級の出生率を高めるものだったため）とさえ述べていたことを考えると、このことは理解できる。

この時代に遺伝子の数理的な概念を発展させた学者に、イギリス人J・B・S・ホールデンやアメリカ人シューアル・ライトがいた。ライトはとくに遺伝的浮動の理論を開発し、その研究はフランス人ギュスターヴ・マレコによって、一九四〇—五〇年代に異なるアプローチにより続けられた。遺伝的浮動は、少数の集団において、各世代における配偶子間でのくじ引きが偶然に起きることのたんなる結果として、一つの遺伝子座に関して特定の対立遺伝子が「固定」され（つまり集団全体に広がり）、他の対立遺伝子がなくなることを指す。つまり選択が関係しなくても、一つの集団の中で遺伝的な進化が起きる可能性があるということである。

数理遺伝学は自然界の生物集団についての遺伝学研究を発展させるお膳立てをしたといえる。この時期に活躍した二人を挙げると、一人はドイツ人リヒャルト・ゴルトシュミット（英語読みはリチャード・ゴールドシュミット」で、マイマイガの集団の進化を研究した。もう一人はロシア出身のアメリカ人テオドシウス・ドブジャンスキーで、彼は一九二七年にアメリカに移住し、やがてカリフォルニアのパサデナに本拠地を構えることになるトーマス・モーガンの研究グループに加わった。この研究グループで「古典」遺伝学の研究に携わったのち、ドブジャンスキーは研究手法を逆にし、研究室で変異体を選択するのではなく、自然界にいるショウジョウバエの遺伝的多様性 diversité を研究しようと考えた。一九三七年に彼は『遺伝学と種の起原』を刊行し、これが初めて**進化の総合説**を確立することとなった。一九四二年、生物学者ジュリアン・ハックスリーが『現代的総合説』を、また動物学者エルンスト・マイアも『系統学と種の起原』を出版した。一九四四年、古生物学者ジョージ・ゲイロード・シンプソンが『進化のテンポと様式』を、また、一九五〇年には植物学者ジョージ・レディヤード・ステビンスが『植物における多様性と進化』を、それぞれ刊行した。**総合説**はダーウィン主義と遺伝学との単純な結びつきなのではなく、われわれにとって関心があるのは次のような見方である。すなわち総合説においては、進化は結局のところ、対立遺伝子の頻度変化なのである。

フランスの若い二人の研究者、ジョルジュ・テイシエとフィリップ・レリティエは、一九三〇年代に**デモメートル**（集団かご）を作り、その中を指定された環境条件に保ち、ショウジョウバエを飼育した。最初にある一定の比率で特定のいくつかの遺伝子型をもつショウジョウバエを「かご」に入れ、進化実験を行う。その過程でたとえば、数理的な理論に基づいて、異なる対立遺伝子ごとの選択係数を測定するのである。フィリップ・レリティエはフランスで最初に遺伝学の博士号をとった生物学者である。

総合説はダーウィンの進化論に欠けていた多様性理論 théorie de la variation と遺伝理論を追加した。ダーウィン理論と遺伝学が生物学の全分野において受容されるために、総合説はきわめて大きな役割を果たした。

一九三〇年から四〇年にかけて総合説が確立されてから六〇年代末に至るまで、総合説は進化の唯一の遺伝学的概念として、他の理論を寄せつけずに君臨しつづけた。総合説が生まれた頃は、唯一の主立った反対者はリヒャルト・ゴルトシュミットだけで、かれはドイツにおけるナチズムから逃れるため、アメリカに渡った。一九四〇年には『進化の物質的基礎』という本を書き、微小な変異がたんに集積しただけでは新たな種の起原を説明することはできないと主張したが、この考えは新しい総合説の支持者には受け入れられないものであった。シンプソンが記しているように、ゴルトシュミットの主な誤りは、マクロな進化の概念に、三つの異なるレベルを含めてしまったことである。集団の進化よりも上位の系統学的レベルにおける進化という概念、ごくわずかな変化 variation で表されるミクロな進化に対するはっきりとした表現型変化という概念、変異 mutation とはそもそもどういうものなのかという概念である。ゴルトシュミットが考える進化は、同種の生物や生物群に見られる多様性 variation〔七六頁の訳注でも述べたように、現在の遺伝学用語として、variation に対する言葉は「変化」または「多様性」であるので、文脈により使い分けている。変異は mutation の訳語である〕を超えたもので、遺伝子に影響を及ぼすとモーガンが考えているようなミクロな変異とは別のしくみが必要であった。彼が「システム的変異」と呼ぶこのような別の種類の変異は、「染色体の構造の変化をともなうもの」と考えられた。ゴルトシュミットは遺伝子間の相互作用を強調するあまり、モーガンの「原子論的」

な遺伝子概念を拒否することになったが、**位置効果**（三章―2）の問題のように、ときとしてそれには立派な理由があり、遺伝学的な本当の単位は染色体、つまり遺伝子の総体であるという考えを支持することになった。しかしこうした考え方のため、ゴルトシュミットは当時のほとんどの遺伝学者たちから拒絶されてしまった。

総合説の支持者によって擁護された進化の概念がもたらす一つの帰結は、現在地球上に存在するすべての生物が、優先的に選択が働いた結果として、それぞれの環境に完全に適応しているという信仰であった。そのため、ある生物種のある遺伝子について自然の生物集団を調べると、最も適応した一種類の対立遺伝子しか存在しないはずであった。この考え方は、分子生物学の時代になり、多数の多型の発見によって否定された。多様な多型は最初、一九六〇年代の潮流であったタンパク質配列のレベルで、のちには技術の進歩により、ＤＮＡ配列のレベルでも見つかった。

このような多型の存在を認識した木村資生は、一九六八年に**分子進化の中立説**の基本的な部分の論文を発表した。中立説の数学的基礎は、拡散の法則と遺伝的浮動の理論に基づいており、それはライトやマレコの研究にも関係していた。その後、**選択説**と**中立説**の間で激しい論争が起こった。現在では分子レベルでの中立的進化の寄与は一般的に認められていて、研究者が問題とするのは、相同遺伝子（同じ祖先遺伝子から生じたもの）の配列に関して、遺伝子あるいは対応するタンパク質のどの部分が選択を受けたのか、あるいは中立的に進化したのかということである。この問題に答えるべく、数々の数理的解析法が開発されている。遺伝子の分子的概念が君臨する現代では、数理遺伝学で使われる記号を表す単位は、遺伝子や対立遺伝子ではなく、コドンやヌクレオチドになっている。

数理遺伝学が進化理論にもたらしたものは複雑である。最初は**総合説**を可能にしたが、次には、ダーウィン理論の基本である選択がもはや進化の唯一のしくみではないことを示した。その結果残ったのは、変異という偶然によって多様性が生まれるばかりでなく、集団の進化それ自体にも偶然に任せる部分があるということであった。

ロナルド・フィッシャー

ロナルド・エイルマー・フィッシャーは一八九〇年にロンドンで生まれ、父は裁判所の競売吏であった。一九〇四年、母の死と同じ年、二大パブリックスクール（中学・高校に相当）の一方であるハーロウ校に入った。一九〇九年には奨学金を得てケンブリッジ大学に入学し、数学と天文学を学んだ。一九一四年の開戦時には、視力が悪かったために兵役を免除され、数学と物理学を教えた。一九一四年以降、自ら優生学支持者であることを宣言するエッセーを書いている。

一九一九年、カール・ピアソンがフィッシャーにゴールトン研究室の統計学者のポストを提案したが、フィッシャーはそれを断り、ロザムステッド農学研究所のポストに就いた。彼はそこで統計学を研究しながら遺伝学にも関心をいだきはじめた。実際にマウスやニワトリを使った交雑実験も行った。一九三〇年、彼は『自然選択の一般理論』を出版し、メンデル遺伝学とダーウィン理論とを合体させたが、これが**進化の総合説**のさきがけとなった。一九三三年、フィッシャーはロンドンのユニバーシティ・カレッジのピアソンの講座の後任となり、次いで一九四三年にはケンブリッジ大学の遺伝学教授に任命された。一九五二年には爵位を受けた。ケンブリッジ大学を退職後、一九五九年にオーストラリアのアデレード大学に赴き、一九六二年に亡くなるまで、そこで研究を続けた。

第三章　染色体上の遺伝子

二十世紀前半、遺伝子は生物学的実体の中に二通りの仕方で根づいていた。一つは遺伝子の局在に関して、もう一つは細胞の中で遺伝子が果たす機能に関してである。ダーウィンとは異なり、メンデルは彼が言うところの因子を細胞の中に位置づけた。この局在はモーガンによってさらに正確になった。ヴァイスマンの説のとおり、遺伝子は染色体上に局在する**遺伝の原子**となった。しかし、不連続で、分割されず、染色体上で安定に存在する実体というモーガンの遺伝子概念は、彼自身の遺伝学的研究の結果によって、困難に直面することになる。遺伝子と表現型との関係は、生物の中での遺伝子の役割は細胞の代謝の制御であるという「一遺伝子－一酵素」仮説によって明確になった。モーガンの素朴な遺伝子概念の危機は、機能単位としての遺伝子（シストロン）という概念によって解決された。遺伝子はもはや点ではなく、遺伝子地図上の線分となった。

1　モーガンと遺伝の染色体説

トーマス・モーガンは、遺伝学者になる前は、動物学者で発生学者であった〔モーガンは、従来の生物学の教科書ではモルガンと書かれてきた〕。彼は博士論文でウミグモ類[1]の研究をし、一八九〇年からの数年間は、**実験生物学**で典型的となる実験を行っていた。たとえば、プラナリアの再生などは今でも古典的な実験である。彼は発生生物学の研究も、研究生活の最後まで続けた。

さらに興味深いことに、モーガンは二十世紀初頭に、ダーウィンには多様性 variation の明確な理論がないことを批判し、メンデル遺伝学にも控えめな態度であった。初期のメンデル遺伝学者たちに対しては、その場しのぎの返答をするといって批判していた。

メンデル遺伝学の現代的解釈においては、実験事実があまりにも性急に因子とされてしまう。一つの因子で実験事実を説明できないと、二つの因子を引き合いに出す。二つで駄目でも、三つならよいこともしばしばである。

他方、モーガンはメンデル遺伝学の中に、前成説への回帰を見ていた。こうした懐疑がもとになり、彼自身で交雑実験をやってみなければならないと思ったのである。そこでケノーがマウスで行った実験を追試してみることにした。しかし彼がメンデル遺伝学を受け入れることになったのは、ショウジョウバエを使った実験で、白眼 *white* 遺伝子の分離比が第二世代で三対一になったときからであった。

遺伝学の実験材料としてショウジョウバエを選んだことが、大きな成功となった。ここで一言追加しておくならば、この選択では、染色体の数が少ないということはとくに考慮されていなかったようであるが、あとでこれが無視できない切り札であることがわかるのである。実際には、甲虫類のゴミムシダマシでY染色体を発見していたネッティ・スティーブンスが一九〇七年にキイロショウジョウバエ *Drosophila melanogaster* の核型を記載していたが、モーガンがこの昆虫を使おうと考えた第一の実際的理由は、このハエの飼育の容易さと多産性であった。

白眼 *white* 変異体は、「本来」赤褐色の眼が白くなっており、モーガンによって単離されたショウジョウバエの最初の変異体であった。不思議なことに、メンデルが述べていたのとは違い、交雑の向き、つまりこの対立遺伝子を雄と雌のどちらが持っているかによって結果が異なっていた。一つの解釈として、こうした奇妙な形質分離のしかたを、見つかったばかりのXやY染色体と結びつけ、性決定に何らかの役割があると考えることもできたかもしれない。しかしモーガンは、この発見直後から、**染色体説**には固執しなかった。その理由としては、性決定と染色体との関係が、その時代にはまだ明確ではなかったことが挙げられる。実際、ベイトソンとパネットの報告によれば、マダラガ科の蝶ではショウジョウバエとは逆に、第一世代で雄が白眼を示し、雌は野生型の表現型であった。ニワトリでも同様だった。数年後には、鱗翅目（蝶など）と鳥類では雌の性染色体がヘテロ接合であることがわかり、モーガンとエドマンド・ビーチャー・ウィルソンは、これらをZとWと呼んだ。雄はホモ接

1　ウミグモは節足動物の鋏角亜門に属する海産動物で、鋏角亜門にはクモなども含まれる。ウミグモは英語名 sea spider のごとく、ある程度クモに似ている。

合の性染色体WWを持っている。

モーガンは、ショウジョウバエの研究に二名の学部学生を従事させた。アルフレッド・ヘンリー・スターテヴァントとカルヴィン・ブラックマン・ブリッジズである。やがてハーマン・マラーも加わった。この三人に加えてトーマス・モーガンとその妻リリアンが、ニューヨークのコロンビア大学の「ハエ部屋」で新しい遺伝学の法則を確立することになるのである。研究室はやがてカリフォルニアのパサデナに移った。たちまちのうちに、数多くの変異体が単離された。「ハエ部屋」における新規変異体の生産の速さはじつにめざましいもので、一九二五年から一九四二年の間に、白眼 *white* の新しい独立な変異体だけでも、二六種類も単離している。このような変異体の単離はおそらく研究室の実験のやり方にも原因があった。アイソジェニック（同質遺伝子的）な系統（ヨハンセンによれば「純系」）を、「自然界から」得られたハエの父－娘交雑の繰り返しによってつくり出したことにより、おそらくトランスポゾンが可動化され、それにより数多くの変異体を生じたものと思われる（**三章—2**）。モーガン研究室で単離された「歴史的な」ショウジョウバエ変異体の最近の分子レベルでの解析によれば、ほぼどれも変異部位にはトランスポゾンが挿入していることが判明した。

単位形質（**二章—3**）の概念とは異なり、モーガンは遺伝子と形質とを分けて考えた。変異体の単離によって定義される遺伝子には、表現型を覚えやすい名前がつけられたが、彼にとって形質は、子孫を調べたときにその遺伝子がどこに行ったのかを追跡するための**マーカー**でしかなかった。こうして単離された変異体のいくつかは眼の色が鮮やかな赤で、それは野生型の基準としたハエがもつ赤褐色の色とは異なっていた。バーミリオン（*v*）、スカーレット（*st*）、カーディナル（*cd*）、ルビー

（*rb*）などだが、ハエの眼の色のニュアンスを区別するのは難しかったに違いない。こうした割り切った態度が、モーガンの研究グループの成功につながった。彼がいなければ、遺伝子地図を作ることはできなかったであろう。実際のところ、*v*と*rb*遺伝子は一番染色体（性決定に関係するX染色体である）に、*st*は二番染色体に、*cd*は三番染色体に乗っていた。

*white*の形質を示す新たな変異体の多くが、性と結びついた遺伝を示した。最初の二つである*white*と*rudimentary*（短い翅をもつ）は、メンデルの法則として定義される独立の法則に合致した。しかし別のケースでは、子孫の分離比に偏りがあり、**遺伝的連鎖**を示した。フランス・アルフォンス・ヤンセンス（ベルギーの細胞学者）が発表したサンショウウオにおける第一減数分裂の像で、染色体がからまって**交叉**（キアズマ）を示していたのを見て、モーガンは**乗り換え** *crossing-over*の説を考え、同一染色体上にある遺伝子間での組換えと解釈した。その考えは次のようなものである。連鎖した遺伝子をもつ個体間の交雑から得られる子孫の中で、ある割合のものは両親の形質を異なる組み合わせで受け継いでいる。たとえば、母親の羽の形態が父親の眼の色と結びついている場合があり、その場合には**組換え型**と呼ぶ。遺伝子が連鎖しているはずなので、こうして生じた組換え型は、最初の両親のゲノムの融合によってできる「雑種」第一代（F1）であるヘテロ接合体で、配偶子ができる減数分裂において生じた乗り換えによってできたと、モーガンは考えた。雑種第二代（F2）における組換え型の割合は、乗り換えの数が多くなるほど高くなり、乗り換えの頻度は単純にそれぞれの遺伝子の染色体上の位置（遺伝子座：ローカス）の間の距離に依存しているであろう。この仮説に基づいて、アルフレッド・スターテヴァントが最初のX染色体の遺伝子地図をつくり上げた。ショウジョウバエ

のそのほかの連鎖群の遺伝子地図もやがてつくられた。

一九二七年、ハーマン・マラーが人工突然変異を成功させた。ショウジョウバエにX線をあてると、変異率が増加することを示した。X線によって得られる変異にはいろいろな種類があり、しばしば染色体の転位や染色体の一部の欠失、あるいは染色体の一部が別の染色体に転座するもの、さらには逆位によるものが含まれる。これらの新しい変異体の作出は、とくに次の段階の研究、すなわち遺伝子地図と染色体との対応づけにとって有用であった。

実際に遺伝学的連鎖群と染色体との間には、数量的対応関係があった。染色体が四本に対して、連鎖群も四つだったのである。しかしこの対応関係が確かなものになるには、細胞学的地図が役立った。ショウジョウバエのX染色体の細胞学的地図を一九三三年に初めて描いたのは、テオフィラス・ペインターであった。彼は唾腺の巨大染色体に見られる濃い縞（バンド）と薄い縞の繰り返しを図に描いた。カルヴィン・ブラックマン・ブリッジズはペインターの方法を使って、四本の染色体の詳しい細胞学的地図を刊行した。ブリッジズの描いたものは、その後、電子顕微鏡も含む現代的な手法によって、より完全なものになっている。しかしとくに重要な点は、ブリッジズが現在でも使われている命名法を考案したことで、それによりそれぞれの染色体の各部位のバンドを同定し索引をつけることができるようになった。組換え頻度に基づいてつくられた遺伝子地図上の遺伝子座と、細胞学的な地図上のバンドとの対応関係がこれによって確立された。そしてとくにこのことは、当時、**遺伝の染色体説**と呼ばれたものを強く後押しした。つまり、遺伝学者が交雑の結果を表すために用いる記号としての**遺伝子**が、染色体上の特定の決まった位置に物理的に存在することになったのである。

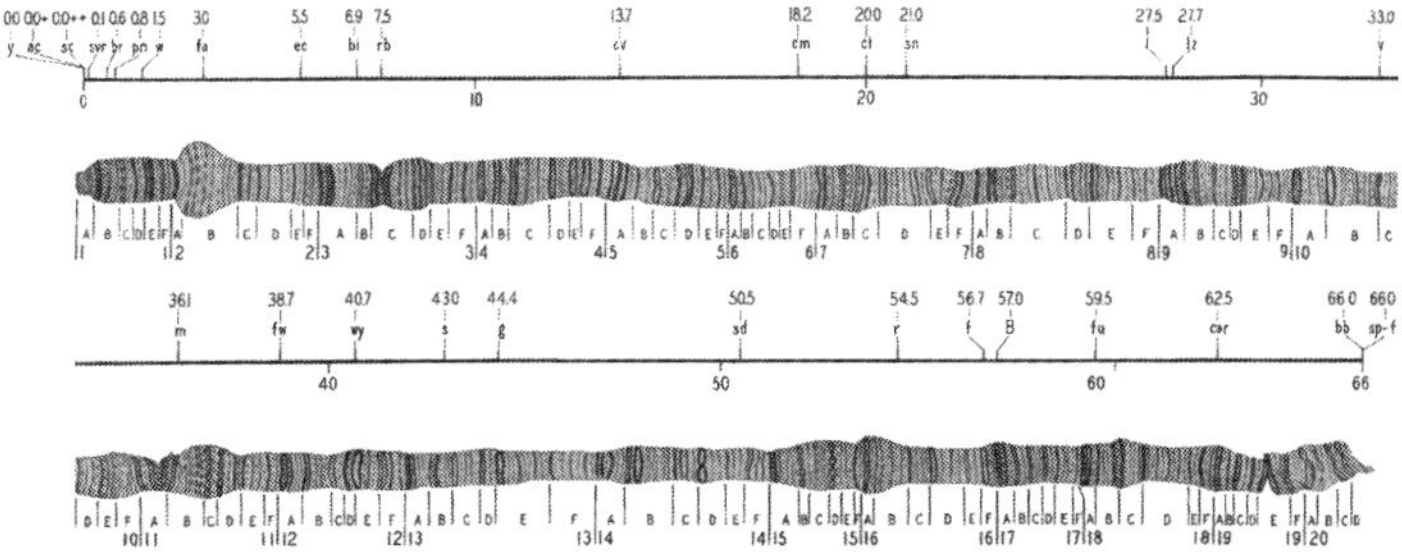

図2　ショウジョウバエのX染色体の二種類の地図
上：染色体の遠位側（テロメア側が左）　下：近位側（右がセントロメア）
それぞれの部分に関して，上部：遺伝子地図．起点は伝統的に *yellow* 遺伝子．距離は組換え頻度の百分率，つまりセンチモルガン（cM）で表す．これを見ると，*white* が 1.5 cM，*lozenge* が 27.7 cM，*vermilion* が 33.0 cM，*rudimentary* が 54.5 cM にある．下部：細胞学的な地図．濃いバンドと薄いバンドの繰り返しは，カルヴィン・ブラックマン・ブリッジズのデッサンと命名法による．これら二種類の地図が互いに平行関係にあることに注意．遺伝子の並び順は，遺伝子地図でも細胞学的地図でも同じである．〔人名としてのモーガンとは別に，遺伝学会の用語集では遺伝子地図の単位はモルガン単位という〕

染色体説の実験面での最終的な仕上げは、乗り換えの細胞学的な証明であり、ベルリン大学でリヒャルト・ゴルトシュミットの弟子であったカート・スターンがショウジョウバエで、コーネル大学のバーバラ・マクリントックがトウモロコシで、それぞれ独立に一九三一年に行った。

これ以来、遺伝の染色体説は完全に受け入れられた。モーガンは一九二八年に『遺伝子の理論』を出版した。

この（遺伝の染色体）説によれば、個体の形質は生殖質の中に存在する一対の因子（遺伝子）と対応し、これらは決まった数の連鎖群にまとめられる。この説では、メンデルの法則に従って、生殖細胞の成熟とともにそれぞれの遺伝子対のメンバーが分離する。この説によると、異なる連鎖群に属する遺伝子は、独立に分配される。この説によると、同一連鎖群の因子間では、しばしば規則的な交換（乗り換え）が起きる。この説によれば、組換え率から得られるデータを使うと、それぞれの連鎖群における因子の順序が決められる。

モーガンはこの本の一つの章を割いて、染色体上に遺伝子が存在することを示すデータを報告している。彼は別の著書において、染色体を「真珠の首飾り」にたとえているが、その場合には遺伝子に糸が通されていることになる。

この説には、そのほかにも注目に値する点がある。たとえば、変異について、遺伝子と形質との関係について、また遺伝子の物理的正体についてなどである。モーガンは、これまでの用語法では、「変異 mutation」という言葉が、染色体の変化も、その数の変化も、また、染色体内部の変化（点変異）も表していた。

と述べている。これにより、モーガンは現在でも使われている変異の定義として、ド・フリースによる変異の概念（そのあとでモーガンはオオマツヨイグサと明示している）を少し拡張したものを採用した。

昔の文献では、異常であるか、極端であるようなタイプを「偏り個体」déviation（スポーツでいう抜きん出た人）と呼び、これらの偏り個体は、どんな生物種にも必ず見られる小さな個体間多様性（一般に「多様性」variation と呼ばれる）とは根本的に分けて考えられた。現在のわれわれの知識ではこうした明確な区別は存在せず、両者は同じ起原をもち、同じ法則に従って遺伝することがわかっている。

彼は「変異の過程は、ごく小さくとも、非常に重要な変化をもたらす」と主張している。不思議なことに、人工突然変異の開発者として染色体にさまざまな異常をつくり出したマラーは、「変異」という言葉を単一遺伝子の変化に限定して使うべきだと考えたが、これはモーガンの考えるもっと広い概念とは相反するものだった。

モーガンはその著書のむすびで遺伝子の分子的正体についての疑問を呈している。いつも懐疑的な彼の態度のとおり、次のように述べている。

遺伝子は有機化学的実体であるので、一定のものであるはずだという魅力的な仮説に反対することは難しい。これが今日考えられうる最も単純な仮説であり、またこの見方がこれまで知られている遺伝子の安定性とも矛盾しない以上、少なくとも、よい作業仮説のようには思われる。

一九三三年、ノーベル医学生理学賞がモーガンに授与された。遺伝の染色体説も絶頂期にあった。しかしモーガン流の遺伝子概念の危機はほどなく訪れることになる。

トーマス・モーガン

トーマス・ハント・モーガンは一八六六年、ケンタッキー州レキシントンに生まれた。父はチャールトン・ハント・モーガンで、祖父ジョンが経営する繊維工場で働いていた。トーマス・モーガンはケンタッキー大学で前期課程の勉強をしたのち、一八八六年からボルチモアのジョンズ・ホプキンス大学で動物学を専攻した。同大学で一八九一年、ウミグモの発生と生理学の研究で博士の学位を取得した。その後、アントン・ドールンによって創設され、当時、発生学者ハンス・ドリーシュが所長を務める名高いナポリの臨海実験所での研究を選択した。その滞在後、彼はヴィルヘルム・ルーやハンス・ドリーシュらの学派の実験発生学を志し、その研究に生涯にわたり従事した。プラナリアの再生に関する彼の研究は今でも古典的なものとして通用している。アメリカに戻ると、ペンシルベニア州のブリンマーカレッジ〔教養教育を中心とした女子大学〕の動物学准教授に任命された。そこで女子学生リリアンと出会い、一九〇四年に結婚した。リリアンはのちにショウジョウバエの研究にも参加することになる。彼はこの年、ニューヨークにあるコロンビア大学の動物学教授に任命された。彼は遺伝学の研究材料として、キャッスルが前に使っていたショウジョウバエを選び、一九一〇年から実験を開始した。彼はこのハエ部屋で、**ショウジョウバエ研究者たち** *drosophilistes* の最初の研究グループをつくった。

一九二八年、モーガンはニューヨークを離れ、パサデナに新たにできたカリフォルニア工科大学（カルテック）の生物学部の学部長に就任した。カルテックのモーガン研究室はやがて遺伝学の国際的な研究センターとなり、世界中の若い研究者が集まった。

トーマス・モーガンはノーベル医学生理学賞を一九三三年に受賞した。一九四五年の死までカルテックに勤務した。

2　モーガン流の遺伝子概念の危機

モーガンにとって、遺伝子は分割できない、遺伝の「原子」のようなものだった。彼自身の研究室での研究も含め、遺伝学の進歩によって、モーガンがノーベル賞を受賞した頃には、この単純な概念は不適切になっていた。まず、同一の表現型を示す多くの独立な変異体が分離され、それらの原因遺伝子は遺伝子地図上で同じ位置ではないにしても近くにマップされた。つまり同一の野生型対立遺伝子に対して、一連の複数の変異型対立遺伝子が得られたことになる。これはありえないことではない。これら異なる変異型対立遺伝子が微妙に異なる表現型を示す場合には、状況はさらに複雑だった。たとえば白眼 *white* 遺伝子の多数の対立遺伝子は、眼の色素が欠損している程度が異なり、*white-ivory*（w^i）、*white-apricot*（w^a）などがあった。こうした場合、異なる遺伝子というべきなのだろうか、それとも同じ遺伝子の異なる変異対立遺伝子（異なる形の変異）というべきなのだろうか。

遺伝学者の方法論にしたがえば、この問題に答えるには、それぞれの変異体同士を掛け合わせればよい。モーガンの『遺伝子の理論』にあるように、当時考えられていた遺伝子の概念によれば、遺伝子は不可分の単位であるため、もしもこれらの変異体が同じ遺伝子の異なる変異に対応するのであれば、それらの交雑によって得られる子孫には、両親のそれぞれのタイプの変異体だけが得られるはずであった。実験をしてみると不可解なことになった。遺伝学者たちがきわめて多くのハエを数える努力をした結果、野生型〔変異実験をする前のもとのハエを野生型とよぶ。建前上、何を野生型とするかは、実験によって変わり、研究者によっても変わりうるが、その分野で大きな業績をあげたグループが野生型としたものを、他の研究者も採用することが一般的である〕のハエが得られることがわかったが、その割合はきわめて低く、一パーセントよりもずっと低かった。遺伝学者たちはその分析を続け、ここで得られた野生型個体は、表現型だけでなく遺伝子型も野生型であること、それは復帰変異〔最初に起きた変異の部分がそのまま完全にもとにもどる変異〕によるものではないこと、実験のミスで野生型が混入したものでもないことなどが証明された。これは乗り換え、あるいは組換えの結果としか考えられず、それは「古典的には」同一染色体の異なる遺伝子間で見られるもののはずだった。〔現在から考えると、一つの遺伝子は決まった長さのＤＮＡからなるので、その中の異なる部位の変異に関して、それらの中間で乗り換えが起きたと考えられる〕

これらの結果を説明するため、**偽対立遺伝子** *pseudo-allele* という概念がつくられた。しかしこの言葉自体、当時の**遺伝子理論**における混乱を反映したものでしかなかった。この現象は *white* 遺伝子に限らなかった。このような状況が見られる遺伝子座（ゲノム上の領域）の数は増える一方であり、その中には、目の形態と姿に影響を及ぼすＸ染色体の *lozenge*（*lz*）遺伝子座、第二染色体の *Star*（*S*）遺伝子座、平均棍《へいきんこん》（胸部第三節にある飛翔のバランスに関わる器官）の形態に影響を及ぼす第三染色体の *bithorax*（*bx*）遺伝子座などがあった。

もう一つの現象によって事態がさらに複雑になった。メンデル以来、交雑の結果は、遺伝的因子、つまり対立遺伝子が雌雄どちらの配偶子によってもたらされるかによっては変わらなかった。「古典的な」理論によれば、トランス（*aB*／*Ab*）とシス（*ab*／*AB*）の遺伝子型は等価だった。ところが、これら二種類のハエの表現型が異なることが観察されたのである。これら**偽対立遺伝子**の染色体上でのシス、トランスという配置によって、子孫の表現型が違っていた。たとえば、*white-apricot* と *white* の場合、トランスならば眼の色はくすんだオレンジ色であるが、シスの場合、眼の色は野生型と同じ赤色だった。この現象は**位置効果**と呼ばれた。

前項でも見たように、ハエに放射線をあてると変異が誘起され、その中には染色体異常を示すものも多く現れる。こうして、*white* 遺伝子が逆位によってX染色体の一方の端から別の端に移動したものも得られた。*white* 遺伝子が本来の位置とは逆になってセントロメア〔染色体中央部付近にあって、紡錘糸が結合する動原体部分の染色体〕の近くに来た場合、ハエの眼はまだらになった。全部白でも全部赤でもなく、白い背景の中に赤い斑点がある状態になった。この現象は植物でよく見られる葉や花の斑入《ふい》りに似ていた。したがってこの現象は、遺伝子が存在する染色体上の位置に依存していた。一九三九年、エドワード・B・（エド）・ルイスが、すでにパサデナのカリフォルニア工科大学（カルテック）に移っていたモーガンの研究グループに加わり、*Star* と *bithorax* の二つの遺伝子座について詳しく研究した。一九五〇年、彼は染色体異常による位置効果を「斑入り効果」と呼び、先に述べた別のタイプを「安定な位置効果」と呼んで区別した。

いずれにしても、偽対立遺伝子間での組換えや、いろいろな種類の位置効果は、遺伝子が不可分の単位であり、染色体上に直線状に並んでいるという、モーガンの遺伝子概念にとって深刻な問題となった。こうしたデータに基づいてリヒャルト・ゴルトシュミットは、一九三八年に出版された『生理学的遺伝学』の中で、「遺伝子の理論はまだ成り立つのか」という疑問を提示した。『遺伝子の理論』を一九二八年に書いていたモーガンのことを指しているのは明らかだった。ゴルトシュミットはこうして、モーガンが遺伝子の**機能**に関心を持たないことを批判したが、それは本のタイトルを**生理学的**遺伝学としたことにも表れていた。ゴルトシュミットにとっては、発生における遺伝子の機能こそが研究すべきもので、機能的な遺伝的単位は染色体全体であって、一つ一つ分離された「粒子的‐遺伝子」ではなかった。遺伝学をはじめる前にはモーガンも発生生物学者であったことは皮肉であるが、モーガンは遺伝子の機能を問題にするのはまだ早いと考えていたのである（**三章—3、四章—3**）。

モーガンの理論は、**遺伝の染色体説**と呼ばれた。正しくは、**染色体上に遺伝子が局在するという理論**というべきであろう。一方で、一九四〇年代になると、モーガンの染色体説を認めながらも、メンデルの法則に従わない伝達様式をとる染色体外遺伝学を見いだした遺伝学者がいた。フランスでは、パン酵母のプチ petite（コロニーが小さいことによる〔petite はフランス語の女性形形容詞であるが、通常、英語の論文でもこのように記されている。ただし日本語では、フランス語の読み方によらず、「プチ」と書くことが一般的である〕）変異体を研究したボリス・エフリュッシ、ショウジョウバエの二酸化炭素感受性の遺伝学に興味をもったフィリップ・レリティエなどである。アメリカでは、ルース・セイジャーが単細胞緑藻クラミドモナス・レインハルディ〔コナミドリムシという和名もある。セイジャーと石田政弘が一九六三年、葉緑体ＤＮＡを初めて単離した〕で、トレイシー・ソンボーンが繊毛をもつ単細胞真核生物であるゾウリムシで、それぞれ非メンデル遺伝を発見した。

これらの現象が提起した問題は、DNAという新しいパラダイムが一九六〇年代末から導入されることにより解決される。酵母やクラミドモナスにおける非メンデル遺伝は細胞内小器官（酵母の場合はミトコンドリア、クラミドモナスの場合は葉緑体）にDNAが存在することで解決した。ショウジョウバエの二酸化炭素感受性の染色体外遺伝は、**シグマウィルス**によるもので、これはほ乳類の狂犬病ウィルスに近いウィルスである。これに対し、ゾウリムシの繊毛パターンの遺伝に関しては、二十世紀末に**エピジェネティクス**が出てくるまでわからなかった（**五章—4**）。

さらに驚くべき現象は、**易変遺伝子**《いへん》 *gène mutable* の発見である（「易変」とは変化しやすいという意味）。これはバーバラ・マクリントックによってトウモロコシで発見され、現在では**トランスポゾン** *transposon* と呼ばれている。彼女は *Ds*（*Dissociation* にちなむ）と呼ぶ遺伝子座を発見したが、これは変異を引き起こしたり、他の易変遺伝子をつくり出したりするはたらきがあった。彼女は一九五〇年に次のように記している。

易変遺伝子の発現変化は、その遺伝子自体が含まれるクロマチンとは異なる遺伝的因子の変化によっている。ある遺伝子のそばにこの要素が挿入されると、新たに易変遺伝子になる。この遺伝子はそのため、まだら状に発現する。

この効果は、ショウジョウバエで *white* 遺伝子がセントロメアのそばに移動した時に見られる、エド・ルイスが「斑入り」と呼んだ効果と似ていた。この *Ds* という遺伝子座とそれによってつくられる易変遺伝子は、転移 transposition つまりゲノムの別の場所に移動することができる。マクリントックは *Ds* や易変遺伝子と相互作用する遺伝子座である *Ac*（*Activator* にちなむ）も発見した。*Ac* が存在しないか不活性なトウモロコシの系統はもはや易変性を示さず、転移も起こらない。〔*Ac* がコードするトランスポザーゼという酵素が、*Ac* 自体や *Ds* のＤＮＡの切り出しと転移を触媒するので、この因子はトランスに作用する〕

一九五〇年から一九五三年の間、マクリントックはトウモロコシの易変遺伝子に関するデータを三編の科学論文として出版したが、人々は懐疑的であった。バーバラ・マクリントックの発見はメンデル遺伝学の根本原理の一つである遺伝子の安定性（これなくしては、モーガンが遺伝子地図をつくることもできなかったはずである）を否定するもので（**五章—1**「動的なゲノム」参照）、マクリントック自身、次のように書いている。

> 転移因子が本当に存在することを、人々は信用していなかった。（中略）後から考えると、転移因子が真核生物に存在することを示すデータやアイディアを人々にわかってもらうことが難しかったのは、当時の遺伝学の考え方と対立せざるをえなかったためと思われる。遺伝的要素がゲノム上で別のところに移動するなどということはそれまでに例がなく、当時の遺伝学の中で居場所がなかった。ゲノムは安定なものと考えられており、少なくとも、このような不安定性にさらされるとは考えられていなかった。

可動性遺伝的要素の発見により、一九八三年、バーバラ・マクリントックは八一歳でノーベル賞を受賞した。最初の発見から四〇年近くが経過していた。その間、トランスポゾンは細菌からも、酵母、植物、線虫、ショウジョウバエ、ほ乳類などの真核生物からも発見された。

バーバラ・マクリントック

バーバラ・マクリントックはコネチカット州ハートフォードで一九〇二年に生まれた。父は医師であった。家族は一九〇八年にニューヨークに移った。子供の頃、彼女はまさにおてんばだった。一九一八年、当時アメリカで女子を受け入れる稀な大学であったコーネル大学農学部に入学した。大学時代は他人に合わせず自分流で通す主義だった。一九二七年に植物学の博士号を取得した。トウモロコシの染色体の細胞学に関する彼女の研究は、最初からめざましいもので、彼女は細胞遺伝学の創始者の一人と見なされている。細胞学と遺伝学を結びつけようという彼女の研究に、二人の優秀な学生が加わることになる。マーカス・ローズとジョージ・ビードルである。この時期を代表する研究は、女子学生のハリエット・クレイトンとともに行い、たまたま研究室を訪れたモーガンの勧めで一九三一年に発表された、乗り換えに関する細胞学的証明である。

一九三〇年代には、「風変わりな」女という評判のため、彼女はよい職を見つけることができなかった。この時期に彼女は核小体形成体 organisateur nucléolaire を発見した。ようやく一九四一年になって、ニューヨーク州にあるコールドスプリングハーバー研究所に落ち着き、生涯をここで過ごした。一九四四年、スタンフォード大学のビードルの研究室に滞在したときには、アカパンカビの減数分裂を記載した。戦後はコールドスプリングハーバー研究所で、トウモロコシの転移遺伝子を研究した。

一九六一年、遺伝子転移の制御が、ジャコブとモノーによって記載されたラクトースオペロンの制御と似ていることを示唆する論文を発表した。彼女のトランスポゾン発見は生物学者の世界において、長い間顧みられることがなかったが、ようやく認められて、一九八三年にノーベル賞が授与された。マクリントックは一九九二年に亡くなった。

3　遺伝子機能の問題――「一遺伝子―一酵素」

ハーマン・マラーはモーガンの研究室を出て、インディアナ大学でショウジョウバエの研究を続けた。一九二二年、彼は初めて、遺伝子には二つの機能があることを定式化した。遺伝子自身の合成を触媒する自己触媒的機能と、細胞成分の合成を触媒するヘテロ触媒的（普通の酵素など、特定の物質の変換反応を触媒するものを、自己触媒と区別して、このように呼んでいる）機能である。

すでに見たように（**二章―3**）、モーガンは遺伝子と表現型との関係が複雑であることを自覚していた。しかしこの関係についての研究は後回しにされた。モーガンとその研究グループにとって、表現型は世代を追って遺伝子を追跡するための**マーカー**でしかなく、遺伝子を追跡する研究もきわめて多くの成果を生んだからである。こうしたやり方の代償は、「遺伝子機能」の問題を放置してしまったことであり、これについて、リヒャルト・ゴルトシュミットも『生理学的遺伝学』の中で批判した。十九世紀末の先駆者たち（**二章―1**）や、ゴルトシュミットも含む同時代の研究者たちと同様、モーガンにとっても、遺伝子と表現型との関係は、たしかに発生過程において研究すべきことであった。モーガンは元来動物学者であり、ショウジョウバエの遺伝学の研究と並行して、実験発生学の研究を一生涯続けた。モーガンは一九三四年に『発生学と遺伝学』という本を出版した。その中で彼はこう述べている。

一般に遺伝子には二つの基本的性質があると考えられている。一つは、遺伝子が増殖し分配されること。もう一つは、核を取り囲む原形質における変化を決定することで、これが核の物理的・化学的活性に影響を及ぼすのである。〔この表現は曖昧に聞こえるが染色体物質が詳しく調べられなかった時代には、細胞質で何が起きているのか、想像することすら難しかったようである〕

さらに、

遺伝子がもつ第二の性質を直接観察することはできず、遺伝学的解析から論理的に結論を導かなければならない。

と述べ、次のような言葉で結論をしめくくっている。

判断するための要素が実験研究によって与えられるのを待つのがよいだろう。

パサデナのモーガンの研究室に来てショウジョウバエの遺伝学を学んでいた二人の若い学者にとって、これはまさにうってつけの研究プログラムであった。一人はフランス人ボリス・エフリュッシで、もう一人はアメリカ人ジョージ・ビードルである。エフリュッシはビードルを説得して、自分がパリに戻るときに同行させ、ショウジョウバエの遺伝学的知識を活用することにより、ショウジョウバエを実験発生生物学の材料としても利用しようと考えた。エフリュッシはマイクロマニピュレータという新しい装置の使い方に長じており、これにより、顕微鏡下で解剖をすることができた。彼はビードルとともに、ショウジョウバエの成虫原基 disque imaginal の移植技術を開発した。成虫原基は幼虫にある小さな細胞の集まり（原基）で、変態の際に成虫の器官となるものである。すなわち、足、翅、眼などそれぞれに原基が存在する。彼らは二ミリくらいしかないこれらの成虫原基を取り出すことに成功し、それを他の幼虫の腹に移植すると、宿主のホルモンの作用をうけて、自律的にみごとに本来の器官に発生したのである。このように移植した結果、眼の原基は変態後のハエの腹で余分な眼をつくった。ビードルがアメリカに帰ってからも、この実験は、アメリカとフランスで並行して進められた。両研究者の移植では、主にモーガンの研究グループで単離された眼の色の変異体を大量に使い、その数を増やしていった。ショウジョウバエの眼には、赤と褐色の二種類の色素がある。褐色色素がないと、ハエの眼は明るい赤色になる。これら数多くの実験の結果からわかった主な点は、次のようなものである。*vermilion*（*v*）遺伝子〔トリプトファンオキシゲナーゼをコードしている〕と *cinaa bar*（*cn*）遺伝子〔キヌレニン-3-モノオキシゲナーゼをコードしている〕という二種類の遺伝子があって、両方とも変異させると明るい赤色の眼をつくる。これらの遺伝子の産物が、一続きの反応経路〔キヌレニン経路〕を作っていて、正常な *v* 遺伝子産物によってできる物質〔*v* 遺伝子産物によりできる *N*-ホルミルキヌレニンが脱アミド化されてできるキヌレニン〕が正常な *cn* 遺伝子産物の基質となるのである。

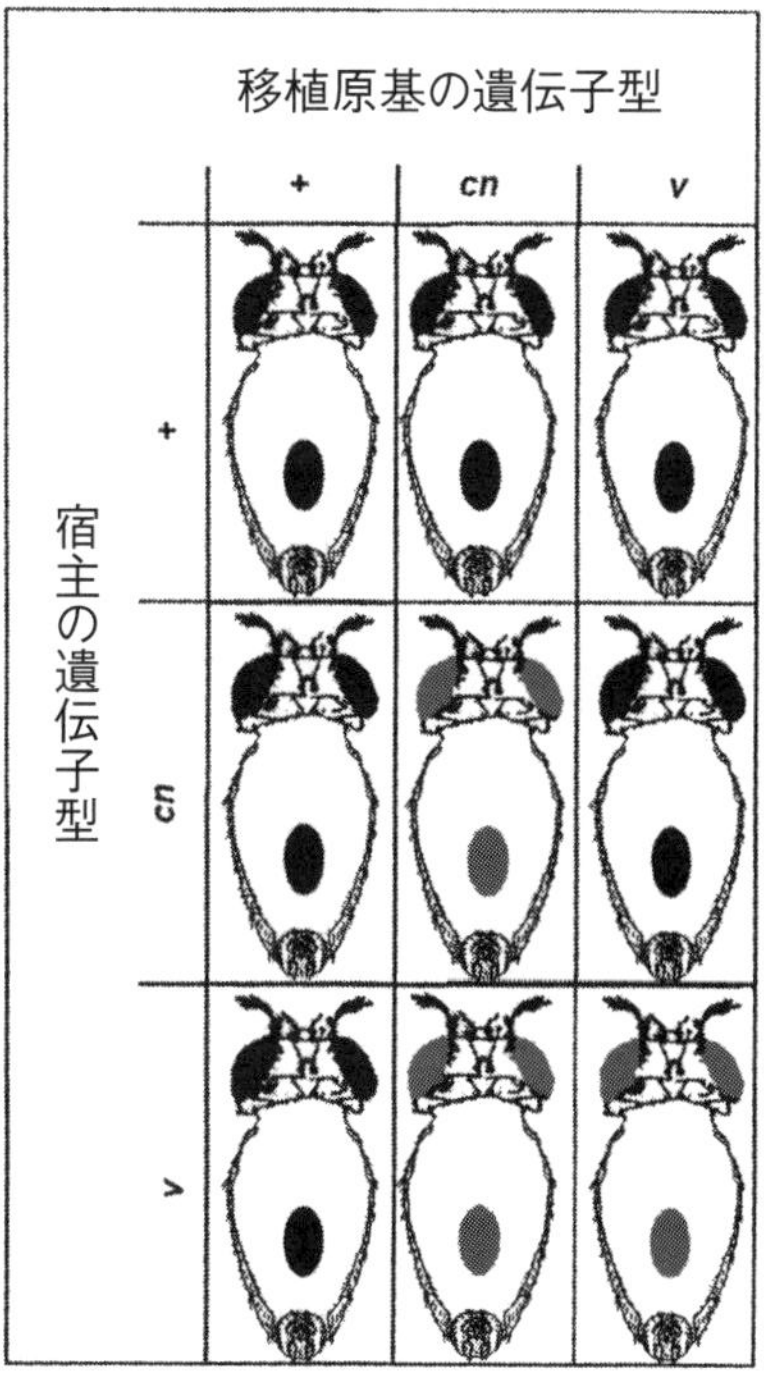

図 3　エフリュッシとビードルの実験

野生型ショウジョウバエでは，眼の色が赤褐色であるが，これは褐色と赤色の二種類の色素による．*cinnabar*（*cn*）や *vermilion*（*v*）など褐色色素を欠損した変異体では，眼の色が明るい赤になる（この図では明るい灰色）．エフリュッシとビードルは野生型（+ と表記）幼虫と *cn* や *v* 変異体の幼虫から，眼の原基をとり出して，これら三種類の遺伝子型の幼虫の腹に移植した．幼虫がさなぎから成虫になる変態のときに，移植した原基は，本来の眼とは別に余分な眼を形成する（楕円形で示す）．*cn* 幼虫に移植すると，*v* 原基は褐色色素をつくったが，逆の場合にはできなかった．このことから，褐色色素の合成経路がブロックされている位置が *cn* 変異体よりも上流であることがわかる．

〔*v* 変異体の原基を *cn* 変異体に移植した場合，宿主はキヌレニンをつくれるので，それが原基に供給されると，原基の *cn* 遺伝子は正常なので，その先の合成ができる〕

これらの遺伝子の機能は、化学反応のように、色素の合成を指示することと考えられた。両研究者はこれらの物質を単離しようとしたが、これに成功したのはドイツの化学者だった。

ビードルはそこで、やり方を逆にしようと考えた。これは天才的なひらめきだった。ショウジョウバエの既知の変異体の生化学的研究をするのではなく、別の生物で生化学的変異体を単離しようと考えたのだった。そこで、単純な化学的組成をもつ培地とシャーレで培養ができる繊維状菌類であるアカパンカビを使うことにし、エドワード・テータムと共同で、ビタミンやアミノ酸を生育に要求するカビの変異体を分離した。それぞれの栄養要求性が一つの遺伝子の支配下にあり、それぞれの遺伝子はメンデル的な分離の性質を示すことを、彼らは証明した。遺伝子と細胞代謝とのつながりが、これによって確立された。すでに生化学者によって、代謝はタンパク質性の生体触媒である酵素によって行われることがわかっていたので、ビードルとテータムは「一遺伝子－一酵素」という有名な関係を定式化した。一つの遺伝子には、生化学反応経路の一つの段階、つまり酵素が対応するというのである（のちにビードルは、「一遺伝子－一酵素」という考えが、ショウジョウバエを使った研究においてエフリュッシによって提示されたものであったことを認めている）。

さらに興味深いのは、二十世紀初頭の遺伝学誕生の頃にすでに、ヒトに関しても遺伝子と代謝との関係が、アーチボールド・ガロッドにより確立されていたことである。一九〇二年にガロッドは、アルカプトン尿症という家族性代謝病の症例を報告し、ベイトソンの勧めにより、その遺伝がメンデル比に一致することを示していた。その後彼は、これらの観察結果を、「先天性代謝異常」という論文にまとめている。メンデルの研究同様、これらの観察結果は当時支配的であった遺伝学者たちに四〇年間も無視されてきた。スタートヴァントとビードルが一九三九年に書いた『遺伝学の基礎』には、ガロッドのことは触れられていない。一方で、一九二二年にハーマン・マラーは、ガロッドの研究に言及し、「遺伝子が酵素だと考えるのは誤りだ」と直ちに結論していた。

ボリス・エフリュッシ

ボリス・エフリュッシは一九〇一年にモスクワで生まれた。ロシア革命後、一家はロシアを離れ、ボリスは生物学の研究をパリで始めた。博士論文のテーマは、当時の実験発生学で典型的であったウニの発生であった。その後、彼は細胞の培養に興味をもち、また、マイクロマニピュレータという新しい器具を器用に使いこなせるようになった。この器具がのちに、ショウジョウバエの成虫原基の移植において活躍した。発生学の研究には遺伝子が重要だと勧められ、一九三四年に資金を得て、カリフォルニアのトーマス・モーガンの研究室で遺伝学の勉強を始めた。それはちょうど、モーガンが『発生学と遺伝学』を書いたころであった。エフリュッシはそこでジョージ・ビードルと出会い、二人の実り多い共同研究がスタートした。最初はビードルがパリに滞在し、それからエフリュッシがパサデナに二度目の滞在をした。一九四一年、エフリュッシはパリから立ち去ることを余儀なくされ、ボルチモアのジョンズ・ホプキンス大学に身を寄せた。一九四四年、ロンドンに行き、それからパリに戻った。そこで酵母の染色体外遺伝学の研究を開始し、一九四七年にソルボンヌ大学の最初の遺伝学講座教授となった。一九四六年、コールドスプリングハーバー研究所のシンポジウムで、ハリエット・テーラーと出会い、結婚した。彼女はボリスとともに、肺炎球菌の形質転換の研究を生涯続けた。一九六二年、ボリス・エフリュッシはクリーブランド大学教授となってアメリカに戻り、細胞融合を使った動物の細胞遺伝学の研究を始めた。一九六七年、フランスに再び戻り、CNRS〔フランス国立科学研究センター〕に創設された分子遺伝学センターの所長となった。

ボリス・エフリュッシは形態形成と細胞分化を理解しようという目標をつねに追い求め、研究材料をなんども変えながら、決定的に重要な研究成果を挙げてきた。ビードルとテータムが一九五八年にノーベル賞を受賞したとき、残念ながらエフリュッシは受賞できなかった。一九七九年に死去。

4　原核生物への遺伝学の拡張

二十世紀初頭、遺伝学者は植物や動物といった多細胞生物の遺伝にしか関心がなかった。一九三〇年代を通じて、彼らの研究対象は、アカパンカビのような繊維状菌類（三章―3）やビール酵母のような単細胞菌類、さらに緑藻クラミドモナス、ゾウリムシのような繊毛虫類（三章―2）など、そのほかの真核生物へと広がっていった。それでもまだ研究対象は、核をもち、減数分裂や受精を含む生活環をもつ真核生物に限定されていた。藻類や菌類の遺伝学によって、減数分裂の四分子を直接調べられるようになり、それにより**染色体説**に対する新たな論拠が得られた。遺伝学の法則は、染色体外遺伝のような例外を除いて、基本的に変わらなかった（三章―2）。

ところが一九二〇年代から、パスツール研究所でバクテリオファージ（あるいはたんに**ファージ**と呼ぶ）を研究していたウジェーヌ・ウォルマンは、細菌やファージの**パラ遺伝** *parahérédité* という概念を導入し、ファージと「メンデル因子」との類似性仮説を立てた。同じころ、ハーマン・マラーも独立に、ウィルスと遺伝子がともに**自己触媒的**な性質を持つことを強調していた。

しかし大きな転換点は一九四〇年代にやってきた。核のない生物である細菌や、細菌に感染するウィルスであるファージが示す遺伝的な現象に、生物学者たちが取り組みはじめたのである。細菌に感染するウィルスのことを、「バクテリオファージ」、略して「ファージ」と呼んだ。あるものは毒性ファージ〔一般に日本では英語のまま、ビルレントファージと呼ばれている〕で、細菌に入り込むとすぐに増殖をはじめ、最後には細菌を溶かしてしまう。別のあるものは「弱毒性ファージ」〔一般に日本では英語のまま、テンペレートファージと呼ばれている〕と呼ばれ、感染しても増殖したり溶菌したりするとは限らない。ウィルスのDNAが細菌のDNAの中に挿入されて「プロファージ」となることがある。こうした細菌を「溶原菌」と呼ぶ。実際に、あるランダムな回数の分裂のあいだ、プロファージのDNAが細菌のDNAとともに複製されるが、その後、プロファージは活性化されて、毒性ファージのようになる。このような誘導と溶菌を引き起こすいくつかの条件が知られている。

エドワード・テータムを除いて、この新しい遺伝学を担った研究者たちの大部分は本格的な遺伝学者ではなく、真核生物の遺伝学をあきらめた人たちであった。多くの研究者は医学的応用を考えている微生物学者だった。マックス・デルブリュックは、アメリカに逃れてきたドイツ出身の物理学者で、生物学に興味をひかれた。デルブリュックのやり方は明らかに還元主義的だった。彼は生物学の中心問題は遺伝学であると考え、できるだけ単純な生物を使って問題を解く必要があると考えたことがファージを選択した理由だった。微生物学者サルヴァトーレ・ルリアと共同して、デルブリュックは**ファージ研究グループ**をつくったが、その影響力は計り知れないものがあった。それにより、細菌とファージの遺伝学という分野で、若い研究者に職を与え、教育をすることができた。

たちまち、細菌間での遺伝的な交換の可能性が発見された。そのやり方はさまざまで、細菌間の**接合** *conjugaison*〔英語では conjugation〕という直接的なやり方でも、また、ファージを介した**形質導入**

transduction によっても行われる。同様に、ファージ研究グループのメンバーであったアルフレッド・デイ・ハーシーとマーサ・チェイスは、同一の細菌に感染したファージ間での遺伝的交換の可能性を示した。これらの発見に関連した人々としては、すでに名前を挙げたほか、アメリカではオズワルド・エイヴリー、ジョシュア・レーダーバーグ、ノートン・ジンダー、イギリスではウィリアム・ヘイズなどであった。フランスでは、細菌とファージの遺伝学は、一九一七年にバクテリオファージを発見したフェリックス・デレルの伝統をもつパスツール研究所で進められ、そこにはアンドレ・ルヴォフ、フランソワ・ジャコブ、エリー・ウォルマンらがいた。

細菌やファージの遺伝学では変異や遺伝的交換が発見されたばかりでなく、生物学一般にとって根本的だった問題に答えをもたらしたことを忘れてはならない。異なる方法を用いながら、一方ではルリアとデルブリュックが、他方ではレーダーバーグが、それまでいつも想定されながら証明されないままになっていた命題が正しいことを、細菌を使った実験で証明したのである。それは、**変異の出現は、それを単離するために用いる選択剤とは無関係だ**ということである。つまり、適応的な変異を生み出すのは選択ではなく、変異は選択の前から存在するのである。

しかし最も注目すべき実験はエイヴリーのグループによるものである。一九二二年、フレデリック・グリフィスは、マウスに弱毒性の肺炎球菌を注射する実験で、死んだ毒性菌も加えてみた。するとマウスは病気を発症しただけでなく、血液からは毒性タイプの生きた細菌を回収することができたのである。彼はこの現象を肺炎球菌の**形質転換** *transformation* と呼んだ。一九四四年には、オズワルド・エイヴリーとその研究グループがグリフィスの実験を再現し、毒性菌から取り出したＤＮＡ自

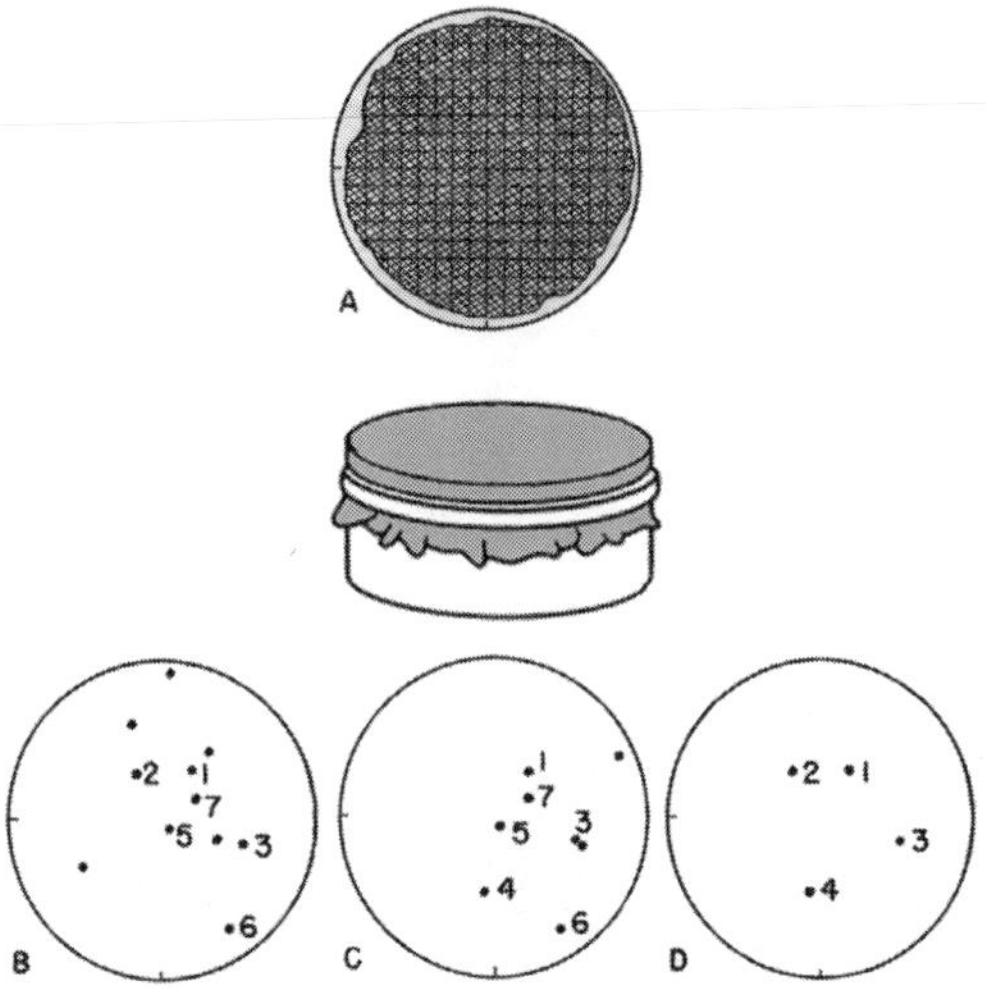

図 4　レーダーバーグ夫妻の実験

ジョシュア・レーダーバーグとエスター・レーダーバーグは，レプリカ法を開発した．シャーレAには大腸菌の培養液を植え付ける．そこには数百万個の細菌がいる．37℃で12時間培養すると，それぞれの細菌がコロニーを形成し，培地表面全体を覆うようになる（コンフルエント培養）．次にシャーレを裏返して，ビロードで覆ったレプリカ用の台に載せる．こうするとスタンプを押したように，コロニーの一部の大腸菌がビロード上に写し取られる．次に，培地にファージを加えたシャーレB，C，Dに続けてスタンプしてゆく．こうすると，ビロード上にあった細菌が，レプリカのシャーレの培地上に写し取られる．この培地上では，ファージに耐性のある細菌だけが増殖できる．すると3枚のシャーレ上のコロニーには，対応しているものが見られた．これは耐性のある細菌がすでに，ファージのいないシャーレAに存在していたことを示す．したがって，ファージ耐性はファージとの接触以前から出現していたことになり，選択培地によって誘導されたのではないことがわかる．（J. Lederberg, E. Lederberg (1952) Replica plating and indirect selection of bacterial mutants. *J. Bacteriol.* 63, 399-406. より）

〔これは細菌やファージの遺伝学の基本的手法となった．ビロードを使ったことが鍵である．ビロード生地は繊維がみな垂直に立っていて，大腸菌のコロニーと接触しても繊維の先端につくだけで，横方向にしみこまない．そのため複数のプレートに，ほとんど同じパターンのまま，レプリカすることができる〕

体に、毒性という遺伝的性質を運ぶ能力があることを明快に証明した。つまり肺炎球菌がもつ形質転換因子はDNAであった。このことにより、細胞にDNAを直接導入することによって遺伝的交換を行うことができるという新しい方法、**形質転換**が実現した。これはのちに、細菌から真核細胞にも拡張され、酵母や植物や動物培養細胞にまで使えるようになった。

しかし、DNA分子が遺伝子の化学的な担い手であるという考え方は、なかなか受け入れられなかった。ジョージ・ビードルやハーマン・マラーのような優れた遺伝学者も容易には受け入れなかったが、その理由の一端は、DNAが単純な分子つまりテトラヌクレオチドでしかないという考えが当時普及していたことが挙げられる（**四章—1**）。上記の考え方が完全に受け入れられたのは、一九五二年にハーシーとチェイスのバクテリオファージを使った実験の後であった。ファージはDNAとタンパク質の殻だけでできているウィルス粒子で、他の種類の分子は含んでいない。ハーシーとチェイスは放射性標識を利用して、核酸部分を^{32}Pで、タンパク質部分を^{35}Sで、それぞれ標識して区別できるようにした。つまり、ファージのタンパク質にはリンが含まれておらず、DNAにはイオウが含まれていない。彼らはこのようにして、ウィルス感染の際には核酸部分だけが細菌細胞に入り、タンパク質部分は細菌細胞の外部にとどまることを示すことができた。この細菌細胞に侵入したDNAだけがあればウィルスとしての繁殖は可能で、細菌細胞当たり数百個もの完全なウィルスがつくられる。したがって、DNAとタンパク質の殻からなるウィルスの増殖は、DNAだけに依存している。つまりDNAには二つの性質がある。一つは自己触媒的なもので、自身の複製を可能にすること。もう一つはヘテロ触媒的なもので、タンパク質の殻の合成を可能にすることである。

こうして分子生物学誕生への扉が開かれた。

マックス・デルブリュック

マックス・デルブリュックは一九〇六年、ベルリンの上流家庭に生まれた。父はフンボルト大学の歴史学の教授であった。一九三〇年、彼は理論物理学で博士号をとった。一九三二年、デルブリュックはニールス・ボーアの講演を聴いて、生物学に興味をもった。一九三五年、物理学者カール・ジンマーとロシア人の遺伝学者ニコライ・ティモフェエフ゠レソフスキーとともに、彼はハーマン・マラーによる放射線照射効果の研究をもとにして、ターゲット理論に基づき、「遺伝子の大きさ」に関する論文を書いた。この論文はシュレーディンガーに注目された。一九三七年、彼はアメリカに渡ったが、その途中、カルテックのトーマス・モーガンの研究室を訪ねた。そこで彼はエモリー・エリスと出会い、彼とともにファージを使った研究をスタートさせた。一九三九年、彼はナッシュヴィルのヴァンダービルト大学の物理学教授に就任した。一九四〇年にはコールドスプリングハーバー研究所でルリアと出会い、一九四三年にはアルフレッド・ハーシーとともに「ファージ研究グループ」を実質的に形成した。一九四五年、デルブリュックはコールドスプリングハーバー研究所にファージに関する一年間の研修コースを設立した。これがそれ以後、若い生物学者や物理学者を分子生物学の研究に呼び込むのに大きな影響力を持った。一九四七年、彼はナッシュヴィルを離れ、カルテックに彼自身のファージ研究室を立ち上げた。

マックス・デルブリュックは、実験面よりも理論面で、分子遺伝学の創立に計り知れない影響力を持った。一九六九年、ファージ研究グループにノーベル賞が授与された。一九八一年に死去。

5　機能単位としての遺伝子

すでに三章―2で見たように、一九三〇年代から四〇年代にかけて、モーガン流の遺伝子理論はいくつかの実験結果を前にして、深刻な困難に直面していた。一九五四年、エド・ルイスは偽対立遺伝子のなかで、ヘテロ接合体の状態がシスであるかトランスであるかによって表現型が変わらないものと、異なる表現型を示すものとを区別するために、シス‐トランス検定（相補性検定）を発明した（三章―2）。しかしルイスにとっては、これら二つの場合の偽対立遺伝子は異なる遺伝子を表していた。これら二つの区分のあいだで異なるのは機能的な関係であり、それぞれ「シス‐配置 *cis-vection*」と「トランス‐配置 *trans-vection*」と呼ばれた。一九五五年に、モーガンの純粋な伝統を受け継ぐショウジョウバエの遺伝学者であるメルヴィン・M・グリーンは、ゴルトシュミットに従って、「偽対立遺伝子の問題は遺伝子概念を覆すのか？」という問題を提起した。

グイド・ポンテコルヴォはイタリア出身の遺伝学者で、ファシズムから逃れて避難したエジンバラ大学で、コンラッド・ウォディントンとハーマン・マラーに出会った。彼が実験材料として選んだ糸状菌 *Aspergillus nidulans* を用いると、非常に多くの子孫を調べることができ、ショウジョウバエに比べてずっと低い組換え頻度まで測定可能だった。彼はこの材料を使って、ショウジョウバエの遺伝学で見いだされてきたものと同様の偽対立遺伝子による現象を見いだすことに成功した。一九五二年に彼は、モーガンの理論を厳密に適用すると、次のような三種類の遺伝子の定義があると述べている。

①　染色体上の最も小さな変異の単位
②　遺伝的な差異を生み出す最も小さな因子、つまり機能的（生理学的）な作用の単位
③　組換えの最も小さな単位

ポンテコルヴォはこれら三種類の定義は互いに重なりあっているものの、ときとしてそれらのあいだには不整合な点も見受けられ、それは「とくに連鎖が非常に強い場合に著しい」ことに注目した。そこで彼はルイスとは逆に、これら三種類の遺伝子の定義を切り離し、偽対立遺伝子は異なる遺伝子ではなく同一の遺伝子の異なる場所が変異したものと見なした。「位置効果は、遺伝子やその作用に関するわれわれの考え方に対して再検討を迫るものである」と認め、長い間この立場をとり続けてきたリヒャルト・ゴルトシュミットに敬意を表した。

実験を通じてこの問題を解決したのはシーモア・ベンザーで、彼は*Aspergillus*よりもさらに精細な組換え地図が作れるT4ファージを利用した。一個のファージが一個の細菌に感染すると、数百もの子孫ファージができ、実際、数十枚のシャーレを使うだけで数千あるいは数百万のファージをカウントすることができた。野生型のファージは大腸菌の二種類の株（B株とK株）に感染することができき

るが、rII〔アール・トゥーと読む。増殖が速く、大きなプラークを生ずる〕と呼ばれる変異体は、B株でしか増殖できない。

独立に得られた二種類のrII変異体ファージを同時にB株に感染させると、遺伝的組換えを起こしたファージを検出することができるはずで、その頻度が一千万分の一以下という低頻度でも、K株で増殖できるという性質を利用すれば、組換え体の検出は容易にできると考えられた。ショウジョウバエの場合と同様、組換え頻度を使えば二つの変異の間の**遺伝学的距離**を測定することができる。変異の位置が離れていればいるほど、組換え率も増加するのである。このようにしてベンザーは、ファージのrII変異について、直線状の遺伝子地図をつくることができることを示し、実際に一六〇〇種類ものrII変異体を独立にとり、その遺伝子地図を完成させた。これらすべての変異体は、K株とB株での増殖という点では、まったく同じ性質を示したという点で、この状況は、ショウジョウバエや*Aspergillus*の偽対立遺伝子と同じであった。

こんどは二種類のrII変異株を同時にK株に感染すると何が起きるのか考えてみよう。それぞれ単独ではK株を宿主として増殖することはできない。たしかに大部分のケースでは、二種類のrII変異ファージをK株に感染させても、ファージは産生されない。しかし不思議なことに、つねにそうであるとも限らない。ときたまファージが生成し、その場合、一方の変異体にとってK株で増殖するために欠けているものが、他方の変異体から供給されているかのようである。ベンザーはこれを**相補***complémentation*と呼んだ。rII変異体がこれによって二つのグループに分類できることに気づき、それらをrIIAとrIIBと呼んだ。つまりグループrIIAの変異体ファージは、グループrIIBの変異体ファージを相補

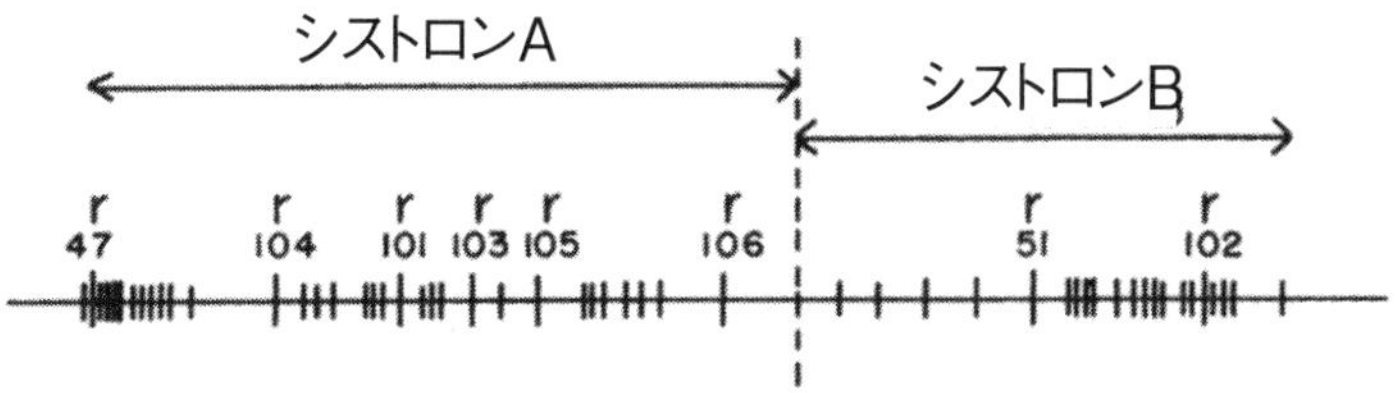

図 5　T4 ファージの rII 領域の詳細な遺伝子地図

地図上の縦線のそれぞれは，シーモア・ベンザーによって単離された T4 ファージの多数の変異体の一つ一つに対応しているが，具体的な名称は一部のみ記載している．この地図は，大腸菌 B 株で二重感染した際に生ずる野生型（K 株で増殖できる）を示す組換え体出現頻度に基づいて描かれている．K 株での二重感染の場合，二つのシストロンのそれぞれに変異があるファージは，相補しあうことによって，どちらも増殖する．同一のシストロンに属する変異体は相補しないので，二重感染でも増殖できない．それぞれのシストロンは一つの相補グループに対応し，互いに相補しあうことのできない変異体の集合として定義される．二つのシストロンは，組換えに基づく遺伝子地図上では隣り合って連続している．

S. Benzer (1955) Fine structure of a genetic region in bacteriophage. *Proc. Natl. Acad. Sci. USA* 41: 344–354 による．

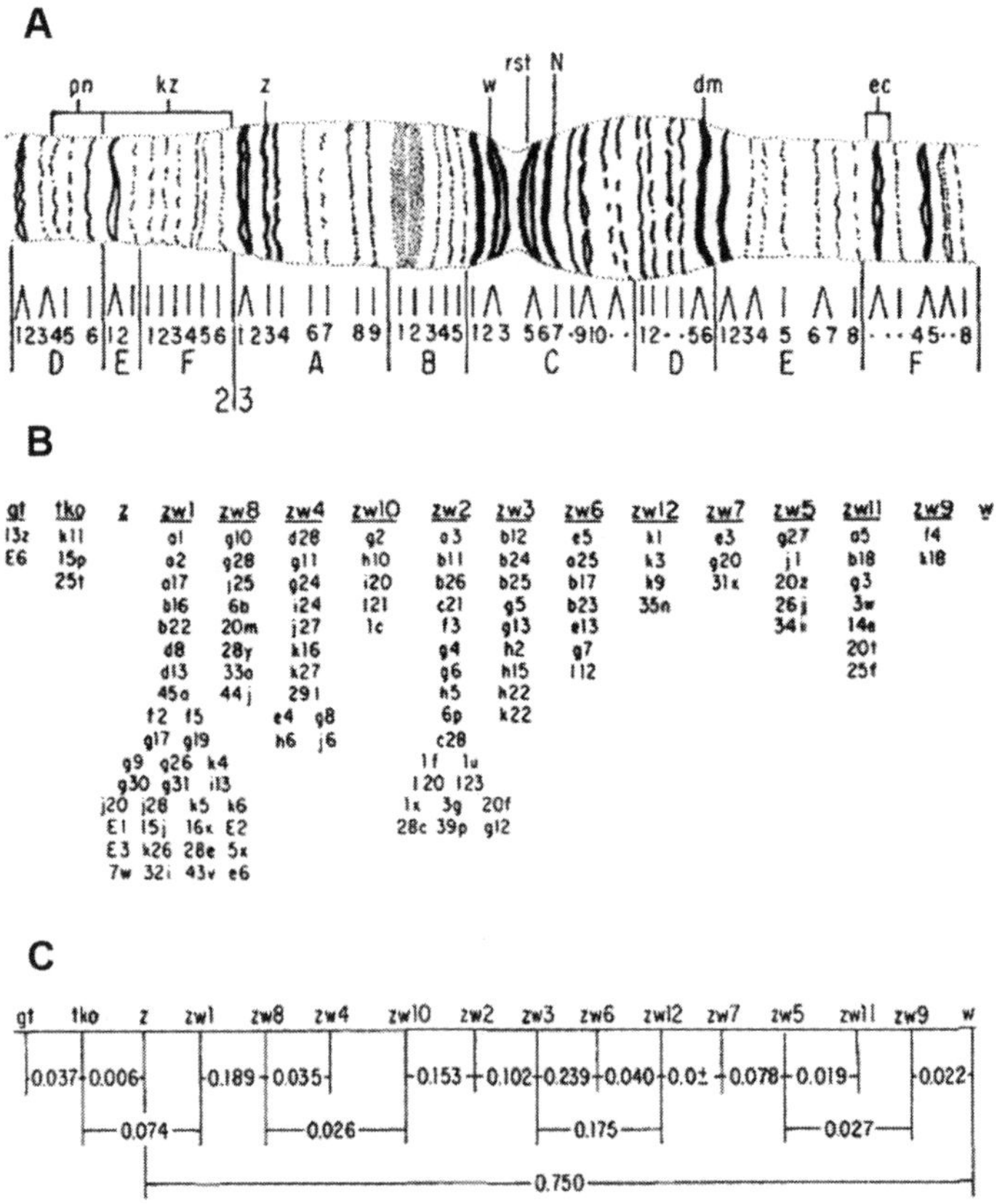

A
pn
kz
z
w
rst
N
dm
ec
D
E
F
A
B
C
D
E
F
2|3
B
gt
tko
z
zw1
zw8
zw4
zw10
zw2
zw3
zw6
zw12
zw7
zw5
zw11
zw9
w
C
gt
tko
z
zw1
zw8
zw4
zw10
zw2
zw3
zw6
zw12
zw7
zw5
zw11
zw9
w
0.037
0.006
0.189
0.035
0.153
0.102
0.239
0.040
0.0±
0.078
0.019
0.022
0.074
0.026
0.175
0.027
0.750

図6　ショウジョウバエにおける機能相補検定

トム・カウフマン，マーガレット・シェン，バーケ・ジャドは，ショウジョウバエのX染色体上の小さな領域（細胞学的バンド3A3に対応する*zeste*と3C3に対応する*white*との間）に対応する百あまりの致死変異体を単離し，解析した（パネルA）．普通の変異体の雄は致死であるが，この領域をY染色体に転移したものは，致死遺伝子をもった雄として生存し，それを利用した雄雌の交雑によって，この領域に関するヘテロ接合体ができる〔ショウジョウバエのX染色体は性を決めており，Xが二つだと雌，一つだと雄になる．Yは存在しても性決定には関係しない．雄はXに致死変異を持つと，通常は生存できないが，野生型対立遺伝子をYに持てば，生存可能である．この雄を交雑に用いると，娘にはYは伝わらないので，２本あるXの状態により，相補の問題を研究することができる〕．異なる変異体の（トランスの）交雑によってできるヘテロ接合体の雌は，この領域が相補しあうならば生存できる．そうでなければ，この交雑から雌は生まれない．このようにして機能的な相補グループを定義することができ，それはベンザーがシストロンと呼んだものにあたる．このようにして著者らは，12個のシストロンあるいは「遺伝子」を明らかにした（パネルB）．ここで生存する雌〔どちらのX染色体にも，単独なら致死になる対立遺伝子を持っている〕は，普通のY染色体をもつ雄と交雑しても，組換えを起こさない限り雄を生むことはない．これによって異なる二つのシストロンの間での組換え率を求めることができ，それに基づいてこの領域の遺伝子地図を作ることができた（パネルC）．

B. Judd, M. Shen, T. Kaufman,（1972）The anatomy and function of a segment of the X chromosome of *Drosophila melanogaster*. *Genetics* 71: 139-176による．

でき、逆も同じであるが、同じグループ間では相補することはできない。このことからベンザーは、rIIAとrIIBとは生物学的に異なる機能に対応していて、どちらも大腸菌の中でファージが増殖するのに必要であると考えた。さらにまた、ベンザーはK株（相補）とB株（組換え）への二重感染の結果を比較することにより、K株での相補の結果に基づいて決められたrIIAとrIIBのグループが、B株での組換えとK株での検定によってつくられた遺伝子地図上では、連続した別の線分にあたることを示した。シーモア・ベンザーは、ポンテコルヴォが行った区別を再度取り上げて、rIIAとrIIBという相補グループで表される機能単位と、一六〇〇の独立な変異のそれぞれで表される変異や組換えの単位とを区別しなければならないことを示した。K株への二種類のファージの同時感染は、ルイスのシス－トランス検定における変異体間の**トランス**のかけ合わせと同等なのである。ベンザーは一九五九年の論文の中で、この機能単位に対して**シストロン** *cistron* という言葉を導入したが、それはハーマン・マラーの一九二〇年の論文を参照したことによる。確かにマラーは偽対立遺伝子には関心があったが、彼の論文の中ではシストロンのことにまったく触れていなかったのも事実である。

やがてシストロンが遺伝子とされることになった。それ以来、構造的な意味での対立遺伝子（二つの変異部位の間で組換えが起きなければ、対立遺伝子であると言う）の検定と、機能的な意味での対立遺伝子（二つの変異部位が相補しなければ、対立遺伝子であると言う）の検定とを、明確に区別することになった。遺伝子はもはや遺伝子地図上での点ではなくなり、数多くの点変異（が可能な）部位の集まりでできた線分となった。

シーモア・ベンザー

シーモア・ベンザーは一九二一年にニューヨークでユダヤ系ポーランド移民の両親のもとに生まれた。一九四二年、彼はニューヨークを離れてインディアナ州ウェストラファイエットにあるパデュー大学に入学し、物理学を目指した。そのときにはトランジスターの研究をし、のちの一九五六年にウィリアム・ショックレー、ウォルター・ブラッテン、ジョン・バーディーンのノーベル賞受賞につながる発見をした。

一九四八年に博士の学位を得ると、彼はファージの遺伝学に関心を持った。コールドスプリングハーバー研究所でのファージの年間コースを受講し、カルテック（カリフォルニア工科大学）のマックス・デルブリュック、パリのパスツール研究所のアンドレ・ルヴォフ、ケンブリッジ大学のフランシス・クリックとシドニー・ブレナーのもとで研鑽を積んだ。彼がファージのrII部位の詳細な遺伝子地図の研究を行い、シス−トランス検定による機能的単位（シストロン）を遺伝子として定義するのは、この時期である。

一九六六年になると、分子遺伝学の多くのパイオニアたちと同様、彼はファージの研究をやめて真核生物であるショウジョウバエの研究に移った。一九六七年、カルテックの生物学教授に任命され、生涯そこで研究を行った。弟子の堀田凱樹《よしき》（東京大学名誉教授、国立遺伝学研究所名誉教授、総合研究大学院大学名誉教授、大学共同利用機関法人情報・システム研究機構長などを歴任）とともに、以前にアルフレッド・スターテヴァントが行っていたショウジョウバエのまだら模様の遺伝解析を新たに取り上げ、それをハエの神経システムや行動の研究に応用した。彼は行動に関する数多くの変異体を選択し、それはこの分野の古典的変異体として今でも使われている。またすべての動物で遺伝的基盤が共通である細胞周期の遺伝学的解析の元祖でもある。さらにショウジョウバエの寿命が長くなった変異体も単離した。

ベンザーは二〇〇七年に亡くなった。一九九三年、スウェーデン科学アカデミーは「ノーベル賞の対象とならない分野の優れた研究」に与えられるクラフォード賞を授与した。

第四章　分子レベルの遺伝子

二十世紀初め以来の遺伝学や遺伝学者に一貫して存在した議論、つまり、遺伝子を純粋に概念的なものと考えるか、それとも遺伝子を細胞内の物理・化学的実体に根ざしたものと考えるかという議論の決着は、一九六〇年代末には後者が有利ということに落ち着き、それから約三〇年間はそのままの状況が続いた。遺伝子は変異がなければ安定で、細胞分裂において、また、生殖細胞である配偶子を介した世代間の伝達において、DNAが伝えられるのである。遺伝子はDNA上の特定の部分であり、**遺伝暗号**に従ってアミノ酸配列を合成するためのメッセージを担っているとされた。

分子レベルの遺伝子概念、つまりコード領域DNAという考え方は、それがきわめて単純であるという点で、おおいに価値がある。そうは言うものの、生物学においては何事も単純ではなく、この概念は最初から例外や疑問に直面していた。実際、タンパク質の合成には、タンパク質性の複合体だけでなく、**翻訳のためのRNA**が関わっている。一つは転移RNAと呼ばれ、フランシス・クリックが想定した**アダプター分子**であって、それぞれのアミノ酸とそのコドンとを結びつけている。もう一つはリボソームであり、それはタンパク質とRNAからできた分子装置である。こうした翻訳のためのRNAの合成もまた、DNA配列に書き込まれた情報に依存している。こうした配列は、タンパク質をコードする遺伝子と同様、安定だが変異が起きうるもので、有糸分裂や減数分裂といった細胞分裂によって伝達される。それらは、DNAの特定の領域からRNAに転写されてできるものの、タンパク質に翻訳されるわけではない。遺伝暗号も関係なく、このような遺伝子は遺伝子の定義の例外ということになる。

他方、ジャコブとモノーは**構造遺伝子**と**調節遺伝子**の区別を導入した。後者には、リプレッサーのようなタンパク質の遺伝子も含まれ、その場合にはタンパク質をコードする遺伝子という点で古典的な遺伝子の定義に合致するが、それ以外に、オペレーターやプロモーターのようにシスにはたらく調節配列もある。後者はタンパク質に翻訳されないものの、機能をもっており、安定で、変異が起きうるのである。それらは転写単位と似ているが、それらを遺伝子（またはオペロン）と呼ぶ機能領域に含めるべきなのだろうか、含めるべきでないのだろうか。そこから、遺伝子領域の境界についての疑問がわいてくるだけでなく、さらに、遺伝子の分子的定義も疑問になってくる。

このようなわけで、一九六〇年代に遺伝子の分子的概念ができたときから、その輪郭はファジーだったのである。

1　遺伝子の分子的概念と遺伝情報・翻訳単位としての遺伝子

一九二二年、ハーマン・マラーは遺伝子の**自己触媒的性質**という概念を導入した（**三章―3**）。遺伝子は、細胞の原形質に囲まれた部分〔細胞核を指す〕にある物質の一部を最終産物に変換するようにはたらくが、それによって最終産物の性質はもとの遺伝子と同一に保たれるようになっている。

彼はこのような遺伝子の自己複製を結晶の成長になぞらえた。

優れた物理学者エルヴィン・シュレーディンガーは、一九四四年に『生命とは何か』という本を出版し、物理学者にも生物学者にも大きな反響を呼んだ。シュレーディンガーにとって遺伝子は染色体に局在し、「特定の遺伝的形質のための仮想的な物質的支持体を意味する」ものだった。遺伝子の安定性と発生における機能についての考察から出発して、シュレーディンガーは遺伝子が複雑な分子以外ではありえず、「変異が遺伝子分子における量子的跳躍に基づく」と考えた。彼は次のように述べている。

遺伝子、あるいは染色体繊維の全体は、非周期的結晶であるとわれわれは考える。それはポリマーであるが単調な繰り返しによってできるものではない。

この**非周期的結晶** *cristal apériodique* の考えを導入すると、彼はさっそくそれを「生物の将来の発生の全体を制御するコード」に結びつけた。

整列した原子の集合体は（中略）、限られた体積の中に複雑な「決定」のシステムを内包するのに十分なさまざまな配置（異性体）の可能性を生み出せる物質的構造としては、唯一のものである。

シュレーディンガーが言う**コード**は、むしろ今日ならば**プログラム**、あるいは**ソフトウエア**であるが、私の知るかぎり、言語学や情報理論に関連した概念が遺伝学に導入されたのはこれが初めてである。それ以来、遺伝子は遺伝情報の支持体となり、遺伝子と形質との関係や遺伝子型と表現型との関係が明確になった。メンデルが述べたように、伝達されるのは形質でも、形態自体でもなく、細胞や個体にこうした形態をとることを可能にする情報なのである。

ＤＮＡが遺伝子の化学的支持体であることが、細菌においてはエイヴリーの研究グループによって同じ一九四四年に発見され、次いでファージにおいてはハーシーとチェイスによって証明され（**三章—4**）、一九四八年にはアンドレ・ボワヴァンとロジェ・ヴァンドルリ、コレット・ヴァンドルリによって減数分裂の際にＤＮＡの量が二分の一に減少することが証明されたことで、真核生物にも一般化された。

ところがこの考え方は、当時DNAの化学構造に関して知られていたというよりも信じられていたことと矛盾していたため、強い疑いの目で見られることになった。というのは、生化学者フィーバス・アーロン・レヴィーンがそれ以前に、彼が**ヌクレオチド**と呼んだ〔これはDNAの由来が細胞核であることを思わせる〕デオキシリボ核酸（DNA）の基本的構成として、デオキシリボースという糖が一分子、プリン塩基（アデニンまたはグアニン）かピリミジン塩基（シトシンまたはチミン）が一分子、リン酸が一分子からできていることを示していたからである。RNAもヌクレオチドからできているが、その場合には糖としてデオキシリボースの代わりにリボースが、ピリミジン塩基としてチミンの代わりにウラシルが、それぞれ含まれているとされた。レヴィーンはDNAのエレガントな構造、すなわち四種類のヌクレオチドのそれぞれからなるテトラヌクレオチドを提案していた。そのため、DNAはクロロフィルと同じ程度の大きさの分子〔クロロフィルは光合成色素の一種で、二十世紀初頭に構造が決められた。ここではかなり複雑な有機分子として例示されており、分子量一〇〇〇程度を指している〕であり、遺伝子とするには小さく、複雑さも足りなかった。一九五〇年にエルヴィン・シャルガフがDNAの組成は種ごとに異なることを示して、テトラヌクレオチド説を否定した。DNAはこうして、**非周期的結晶**の名に値する遺伝情報を保持できる分子として、タンパク質と比肩できるものとなった。さらにシャルガフは、DNAの中で、四種類の塩基はいい加減な組成で含まれているのではなく、つねにアデニン（A）とチミン（T）、グアニン（G）とシトシン（C）が同じ量で含まれることを示した。このような四塩基の間の関係は**シャルガフの法則**と呼ばれ、一九五三年にフランシス・クリックとジェームズ・ワトソンによりDNAの二重らせん構造が確立される際の決定的なヒントとなった。

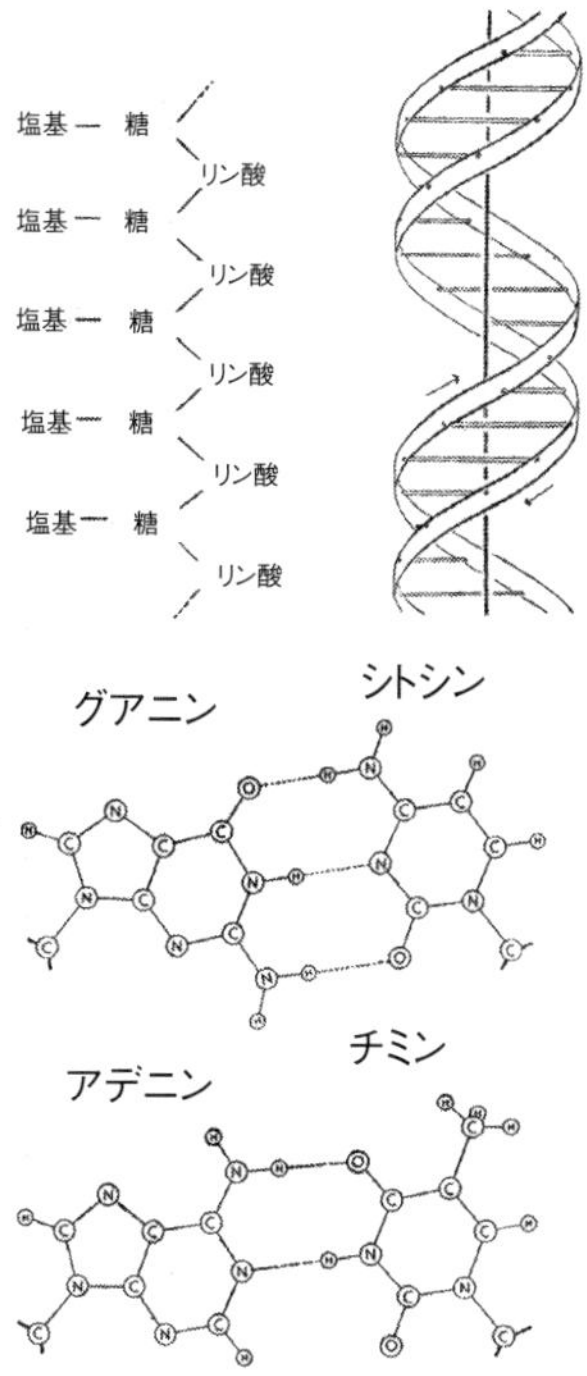

図7　DNA 分子のモデル

DNA 分子の二重らせんモデルと塩基対を示す．プリン（グアニンとアデニン）とピリミジン（シトシンとチミン）塩基のモデルにおけるCは炭素，Nは窒素である．点線は塩基間の水素結合を示す．

J. D. Watson & F. H. C. Crick (1953) Genetical implications of the structure of deoxyribonucleic acid. *Nature* 171: 964-967 による．

ワトソンは「ファージ研究グループ」で教育を受けた若いアメリカの生物学者で、クリックはイギリスの物理化学者であったが、ケンブリッジ大学のローレンス・ブラッグの結晶学研究室でDNAの二重らせんという有名な構造を確立した。その一つの根拠はシャルガフの法則で、二重らせんの中で「平面構造」をとるA－TとC－Gという塩基の相補性によって説明ができた。もう一つの根拠は、ロンドン大学のモーリス・ウィルキンスとロザリンド・フランクリンによって撮影されたX線回折像であり、これがDNAの結晶中で二重らせんが存在するというアイディアのもとになった。

ワトソンとクリックは次のように述べている。

われわれが提案する構造は生物学の最も基礎的な問題の一つを解決するのに役立つであろう。それは遺伝物質の複製を可能にするようなモデルの分子的基盤である。われわれが示すのは、そのモデルが一つの鎖によってつくられる塩基の並びでできており、一つの遺伝子の中に互いに相補的となる二つのモデルが含まれるということである。

確かに互いに相補的な二重らせんからなるDNAの構造は、遺伝子が同一のまま複製されるという問題に対する明快な解決を提供している。二重らせんがあっという間に知れわたり大成功を収めたのには立派な理由があり、その成功はその後も期待を裏切らなかった。彼らは慎重に、このDNA複製のモデルが仮説であることを強調し、さまざまな疑問を投げかけている。

ポリヌクレオチドの前駆体はどんな分子なのか。二本の対をつくった鎖はどのようにして巻き戻され、分離するのだろうか。タンパク質はどんな役割をしているのだろうか。染色体は非常に長いDNAの二本鎖なのだろうか、それともDNAのパーツがタンパク質によって一本につながれてできるものなのだろうか。

こうしたすべての疑問は、DNAの自己触媒的機能に関連したもので、新たに生まれた分子生物学という学問によって、その後の数年間に解答を与えられることになる。分子生物学は、一方では化学的な手法を用いながら、他方では物理学的な装置を用いていった。

もう一つの重要な問題は、遺伝子と表現型との関係で、すでに何十年も前から遺伝子と酵素との関係（**三章—3**）として提起されてきたものである。遺伝子がDNAでできているとするならば、DNAから酵素タンパク質までのつながりはどのようになるのだろうか。DNAの塩基配列にタンパク質の配列を対応させたのは、ジョージ・ガモフが最初である。ガモフが考えたコードは立体化学に基づいており、鍵と鍵穴のように、DNA分子の溝とアミノ酸が対応するというものだった。ガモフのコードは誤りだったが、これが生物学者、とくにフランシス・クリックの関心をひいたという点で、意味はあった。クリックはガモフとは異なり、DNAとタンパク質との関係は直接的なものではないと考え、途中に**アダプター**、つまり一方ではアミノ酸を結合し、他方ではヌクレオチド配列を認識するという二つの機能をもった分子の存在を仮定した。その後この仮説は実証され、小さなRNA分子であるアダプター、つまり**転移**RNA（tRNA）の発見へとつながった。それぞれのアミノ酸には、一つまたは複数のｔＲＮＡが対応する。それぞれのｔＲＮＡには、**活性化酵素**（アミノアシルｔＲＮＡ合成酵素）が、特異的なアミノ酸を結合させる。

一九五七年以後、フランシス・クリックはトリプレットに基づく遺伝暗号を提唱したが、これはＤＮＡの三つの塩基の並びを指し、それがタンパク質を構成する二〇種類のアミノ酸に対応する。遺伝暗号、つまり塩基配列からアミノ酸配列へと翻訳するための辞書は、分子生物学の手法を用いて、その後数年間で、おもにマーシャル・ニーレンバーグ、ハー・ゴビンド・コラナ、セヴェロ・オチョアらの各グループによって解読された。

ここでは、遺伝暗号の解明に果たした遺伝学の役割を二つ述べておきたい。一つ目は、フランシス・クリック自身の発案で行われた唯一の実験室レベルでの実験である。ケンブリッジ大学では、とくにシドニー・ブレナーの協力により、彼はＤＮＡの一塩基挿入または欠失を起こす変異誘発剤によって、T4ファージのrII変異体をつくった。得られた変異体を再び同じ薬剤により処理する、という実験を繰り返した。これにより、彼らは遺伝暗号が三つの塩基の並びに対応することを示した。つまり、欠失の後に挿入、またはその逆というやり方でも、また三つの塩基の挿入または欠失というやり方でも、野生型機能を復活させることができたのである。さらにまた彼らは、ＤＮA配列自体の中に、翻訳停止のシグナルに対応するいわば**バリアー**が存在することまでも示すことができた。

もう一つはチャールズ・ヤノフスキーのグループによって行われた一連の実験で、必須アミノ酸の一つであるトリプトファンの合成の最終段階を触媒する酵素に対応する大腸菌の遺伝子に関するものであった。活性を欠損する変異株を誘導してから、その復帰変異株を得るという実験を行い、野生型

1文字目	2文字目 U		2文字目 C		2文字目 A		2文字目 G		3文字目
U	UUU	フェニルアラニン	UCU	セリン	UAU	チロシン	UGU	システイン	U
U	UUC		UCC		UAC		UGC		C
U	UUA	ロイシン	UCA		UAA	（終止）	UGA	（終止）	A
U	UUG		UCG		UAG	（終止）	UGG	トリプトファン	G
C	CUU	ロイシン	CCU	プロリン	CAU	ヒスチジン	CGU	アルギニン	U
C	CUC		CCC		CAC		CGC		C
C	CUA		CCA		CAA	グルタミン	CGA		A
C	CUG		CCG		CAG		CGG		G
A	AUU	イソロイシン	ACU	スレオニン	AAU	アスパラギン	AGU	セリン	U
A	AUC		ACC		AAC		AGC		C
A	AUA		ACA		AAA	リシン	AGA	アルギニン	A
A	AUG	メチオニン（開始）	ACG		AAG		AGG		G
G	GUU	バリン	GCU	アラニン	GAU	アスパラギン酸	GGU	グリシン	U
G	GUC		GCC		GAC		GGC		C
G	GUA		GCA		GAA	グルタミン酸	GGA		A
G	GUG		GCG		GAG		GGG		G

図8　遺伝暗号

この表は普遍的遺伝暗号，つまりメッセンジャーRNAの3塩基からなるコドンと翻訳されるタンパク質のアミノ酸との対応関係を示したものである。左の列はコドンの1番目の塩基，上の行は2番目の塩基，右の列は3番目の塩基を示す．

と活性欠損型、復帰型のタンパク質をそれぞれ分析した。ヤノフスキーは、変異の遺伝子地図とタンパク質のアミノ酸の配列との間に一対一の対応があることを示した。したがって、遺伝暗号は試験管の中での人工産物などではなく、フランシス・クリックの仮説どおりに**細胞内** *in vivo* でも実証された。コードの単位は三塩基からなる**コドン** *codon* であるが、コドンは重なりがなく、多義的でもなく、一つのコドンには一つのアミノ酸だけが対応している。ただし縮重はあり、一つのアミノ酸に対応するコドンは複数存在する場合もある。翻訳の終わりを示す区切り点も存在し、三つのコドン（ナンセンスコドンと呼ぶ）が翻訳終結シグナルとして機能する。やがて遺伝暗号は、非常に稀な例外を除いて、**普遍的** *universel* であることも示された。つまり遺伝暗号はどんな生物でも、ウィルスでも同じである。遺伝暗号の普遍性は、全生物が共通祖先に由来するという、ダーウィンが『種の起原』の最後に述べた仮説に対する最初の実験的証拠となった。

タンパク質合成のしくみの構築と解明において最終的に重要となったのは、メッセンジャー仮説である。これは、DNA自体と、ヌクレオチド配列からタンパク質への翻訳という事象との間には、介在するものがあるという仮説である。フランソワ・ジャコブの考えでは、この介在分子がオペロンモデルの必須の要素であった（**次項**参照）。メッセンジャー仮説は、ケンブリッジ大学でのフランソワ・ジャコブとフランシス・クリック、シドニー・ブレナーとの議論の中から一九六一年に生み出された。メッセンジャーRNAが実験的に証明されたのは数年後のことで、カリフォルニアのマシュー・メセルソンの研究室においてジャコブとブレナーにより、またアメリカ東岸のハーバード大学のジェームズ・ワトソンとフランソワ・グロにより、それぞれ独立に発見された。メッセンジャーRNAはDN

Aの片方のらせんの配列と相補的で、その配列はもう一つの鎖の配列と同一である。この鋳型DNAからのRNAの合成は転写と呼ばれる。タンパク質への翻訳は、細胞質に存在するこのメッセンジャーRNAからなされ、リボソームと呼ばれるタンパク質とRNAとの複合体において行われる。

これにより、フランシス・クリックは**分子生物学のセントラル・ドグマ**を提唱した。遺伝情報の伝達は一方向に行われる。つまりDNAからタンパク質に向かい、タンパク質からDNAへと「遡る」ことはない。ベンザーによってシストロンとして同定された遺伝子（**三章―5**）は、遺伝情報の単位、翻訳の単位となり、一つのタンパク質を合成するために必要なメッセージを含むDNA断片となった。

フランシス・クリック

フランシス・ハリー・コンプトン・クリックは一九一六年、ノーザンプトンで生まれ、父はフランシスの兄とともに靴下工場を経営していた。一九三四年、彼はロンドンのユニバーシティ・カレッジに入学し、物理学を勉強した。博士論文の研究をとても退屈に感じていたが戦争によって中断され、その間、彼は海軍のための新しい兵器の開発に携わった。戦後はケンブリッジ大学の生物学研究室で物理学者のポストを得た。一九四九年、ケンブリッジのキャベンディッシュ研究室に加わった。そこではローレンス・ブラッグ卿の指導のもと、マックス・ペルツがX線回折を使ってタンパク質を研究する部門を設置していた。一九五一年にはジェームズ・ワトソンが合流し、ライナス・ポーリングによって考案された分子モデル技術や、モーリス・ウィルキンスとロザリンド・フランクリンによってロンドンで得られた回折像を利用して、DNAの構造の研究に取り組んだ。DNAの二重らせん構造の発見まで、クリックはアマチュアであったが、実のところ、生涯をつうじて彼はアマチュアであったようだ。しかしなんという優れた「アマチュア」だろう。DNA構造の後は遺伝暗号を研究し、アダプター仮説を出し、メッセンジャーの存在仮説にも関わり、分子生物学の最も重要な仮説の確立にも貢献した。一九七七年、彼はカリフォルニアのラ・ホヤにあるソーク研究所に移り、意識の物質的正体の問題を研究した。彼は二〇〇四年に亡くなった。

ワトソンの言によれば、「謙虚な彼を見たことがなく」、モノーは、「彼は分子生物学の領域全体を知的な面で支配していた」と述べている。

クリックは一九六二年、ジェームズ・ワトソンとモーリス・ウィルキンスとともに、ノーベル賞を受賞した。

2　オペロン革命

一九六一年、「タンパク質の合成における遺伝的制御機構」というタイトルで、フランソワ・ジャコブとジャック・モノーがオペロンモデルを提出した。彼らが解明しようとした問題は次のようなものである。大腸菌は成長し分裂するために、炭素源として糖を必要とする。ラクトースの存在下で大腸菌は、ラクトースを分解する酵素であるβガラクトシダーゼを合成する。それまでの研究において彼らが示していたのは、大腸菌を別の糖を炭素源とする培地で培養しても、βガラクトシダーゼはつくられないということであった。しかしこの酵素の合成を可能にする *lacZ* 遺伝子自体は、どんな培地中でも大腸菌の中にいつでも存在する。この遺伝子の機能は、βガラクトシダーゼの合成を可能にするメッセージを担うことであるが、この機能はラクトース存在下でしか発揮されない。大腸菌は馴化することができ、必要のないときにはこの酵素をつくらずに節約をしているのである。逆に、酵素が必要になったときには、酵素の合成が起きる。これを**遺伝子が発現する**と表現する。この発現をラクトースが引き起こすのである。ジャコブとモノーは、*lacY* と *lacA* という別の二つの遺伝子もラクトースの代謝に関わっており、遺伝子地図上で *lacZ* の隣にあること、それらもまた培地中にラクトースがあると誘導されることを示した。したがって、これら三つの遺伝子の活性が、大腸菌の生理的必要性に応じて協調的に調節されていることになる。

オペロンモデルはこれらの性質を説明するもので、これにより、それ以前の多くの観察も理解できるようになった。これら三つの遺伝子のそれぞれが翻訳の単位ではあるが、全体としてオペロンという一つの転写単位を構成しており、しかも三つのメッセージがじつは同一のメッセンジャーRNA分子に含まれていると、彼らは提唱した。実際には、ラクトースのないときには、リプレッサーと呼ばれるタンパク質が、このオペロンの転写を抑制している。リプレッサーは、この大腸菌のあらゆる遺伝子の転写を実行する酵素であるRNAポリメラーゼを妨害して、オペロンの転写開始点付近のDNA配列に固定してしまう。ラクトースが存在するとリプレッサーに結合し、それによりこの抑制を解除する。

ジャコブとモノーは変異体を解析することによって、機能的に重要な二種類のDNA配列を区別した。一つは**構造遺伝子**で、タンパク質の合成をするための情報を担っているもの、もう一つは**制御遺伝子**で、構造遺伝子の発現を調節するための情報を担っているものである。遺伝学的解析の結果、制御遺伝子にも二種類あり、一つは離れていても**トランス**にはたらく、リプレッサーの配列を決めている遺伝子などである。もう一つは、DNA上でオペロンのそばに存在しなければ機能しないもので、リプレッサーが結合する部位であるオペレーターや、RNAポリメラーゼが結合する部位であるプロモーターなどである。このような後者の配列を、**シス**に働く配列という。ジャコブとモノーが所属していたアンドレ・ルヴォフ研究室で研究されていたテーマの一つに、ラムダファージの感染によってできる溶原菌に溶菌を誘導する現象（**三章—4**）があり、これも、βガラクトシダーゼの誘導と形式的によく似ていた。ジャコブとモノーは上記の同じ論文の中で、大腸菌DNAに組み込まれてプロファージとなったラムダファージが溶菌サイクルに入る過程の遺伝的活性制御にも、オペロンモデルを正しく当てはめて説明した。

オペロンモデルは、遺伝学、あるいはより一般的に生物学のものの考え方における代表的な革命であり、ずっとそうであり続けている。しかしいくつかの面が正しく認識されていないように思われる。ジャコブ自身が強調しているように、それまでの遺伝学は一つの次元でしかものを考えていなかった。つまり遺伝子地図は染色体の直線的な構造に対応し、ヌクレオチドの一列の並びはタンパク質の一次構造に対応していた（**四章―1**）。オペロンモデルとともに、遺伝学の考え方に別の次元が取り入れられた。リプレッサーがオペレーター配列と相互作用することによる環の形成である。

また次の点も重要である。ジャコブとモノーは、**遺伝子の発現制御が、それ自体遺伝学的に決定されていることを**証明した。彼らは結論の中で次のように述べている。

ゲノムは、細胞の個々の構成成分の合成を可能にする独立した分子モジュール〔ジャコブとモノーの英語の原論文では、molecular blue-prints（分子レベルの青写真）という言葉が使われている。モジュールというのは本書の著者の意訳と思われる〕からなるモザイクと見なすことができる。しかしこの目的を達成するためには、（これら異なる因子の発現の間の）協調が、（細胞の）生存のためには絶対的に必要である。制御遺伝子やオペレーターの発見により、ゲノムが構造的なモジュールだけでなく、協調的なタンパク質合成のためのプログラムやその実行を制御する手段も持ってい

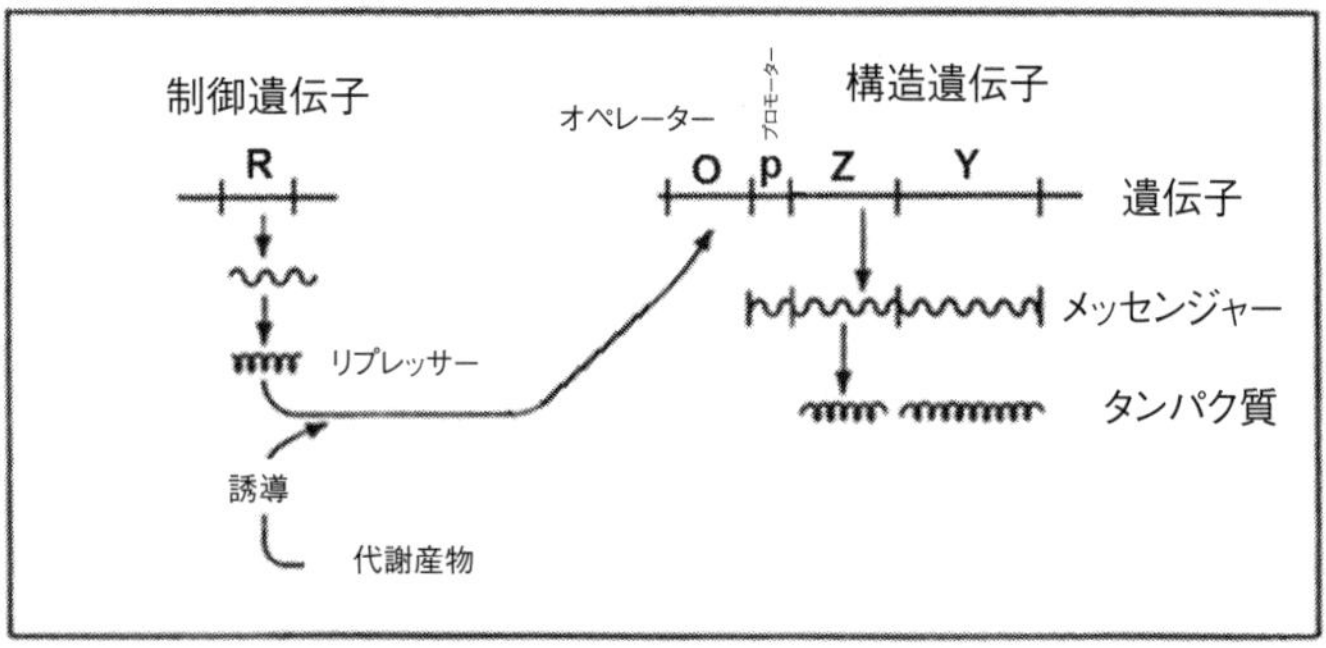

図9　オペロンモデル

R：リプレッサーをコードする遺伝子（*lacI*）　O：オペレーター　Z：βガラクトシダーゼ遺伝子（*lacZ*）　Y：ガラクトース透過酵素をコードする遺伝子（*lacY*）　代謝産物（誘導剤），ラクトース〔現在ではラクトースが異性化したアロラクトースが真の誘導剤であることがわかっている〕．ラクトースがないときには，リプレッサーがオペレーターに結合し，RNAポリメラーゼがオペレーターに結合するのを阻害している．この場合メッセンジャーはつくられず，ラクトース代謝をする酵素も合成されない．ラクトース存在下では，ラクトースがリプレッサーに結合して不活性化することで，オペロンが転写されるようになり，ラクトース代謝酵素群が合成されることで，大腸菌はラクトースを炭素源として利用できるようになる（なお，ラクトースはガラクトースとグルコースからできた二糖類である）．

F. Jacob & J. Monod（1961）Genetic regulatory mechanisms in the synthesis of proteins. *J. Mol. Biol.* 3: 318-356 による．

ることが明らかとなった。

一九六〇年代の分子生物学の黎明期では、遺伝子は一つのタンパク質の配列を決定するものだった。遺伝子の活性、つまりその**発現**は、タンパク質の合成に対応していた。しかしすべての細胞で、すべてのタンパク質が合成されているわけではない。多細胞生物のすべての体細胞は、遺伝的には同じものを持っている。しかし、実際の観察によれば、それぞれの細胞は分化していて、異なる性質を示し、表現型はさまざまである。さらに細菌のような単細胞生物ですら、すべてのタンパク質がつねに合成されているわけではない。それまでの発生生物学者は、この矛盾のために、発生において遺伝子が重要な役割を果たすことを拒んできた。ヴァイスマンやド・フリースもこの答えを探していて、ビオフォア（またはパンゲン）の中で、活性なものと不活性なものとを理論的に区別して考えようとしていた。

このパラドクスへの解答こそが、ジャコブとモノーがもたらしたものなのであり、ファージ研究グループのメッカであるコールドスプリングハーバー研究所で一九六一年に開催された会議での発表の結論で、すでに彼ら自身がそのことを強調していた。ゲノムは時間的に見ると発生過程で変化しないが、その発現は変化し、しかもこの変化はゲノム自身によって制御されているのである。こうして長年来の遺伝学の課題に、具体的な物質的解答が得られた。一九六一年にイギリスの遺伝学者コンラッド・ウォディントンが提案した考え方によると、いくつものオペロンがカスケード状にはたらく〔遺伝子制御が何段階にもわたって結びついていることを滝という意味でカスケードと呼ぶ〕と考えることで、多細胞生物の発生の時間段階ごとのショット découpage〔文字どおりには「カット」〕。静止画のようにあ

3行目では，プラスミド上に存在する対立遺伝子 o^c（構成的オペレーター，つまりリプレッサーを結合しないため，いつでも発現がオンになっているオペレーター）の検査をしている．o^c は野生型 o^+ に対して優性である．なぜなら誘導しなくても β ガラクトシダーゼも透過酵素もつくられているからである．しかし z^4 からつくられるはずの不活性タンパク質は，誘導しないかぎりつくられていないため，染色体のオペレーターは普通に機能していることがわかる．したがって，o^c は**トランス**には働かず，**シス**に働いていることになる．

4行目では，染色体上にコードされた活性なリプレッサーが，プラスミド上の o^c に結合できず，プラスミドからの β ガラクトシダーゼと透過酵素の合成を抑制できないことがわかる．オペレーター「遺伝子」o は，リプレッサー「遺伝子」i に対してエピスタシスを示している．〔リプレッサーの性質如何にかかわらず，オペレーターの性質が表現型を決めている．なお，現在では遺伝子記号は斜体で表すが，このデータの原論文では斜体にはなっていないので，説明文でも同様になっている〕

F. Jacob, D. Perrin, C. Sanchez, J. Monod（1960）, L'opéron: groupe de gènes à l'expression coordonnée par un opérateur. *Comptes Rendus Acad. Sci. Paris,* 250: 1727-1729 による．

〔このフランス語論文こそが，オペロン説を提案する最初の論文である．非常に難解で，専門教育を受けていない一般の読者の大部分には理解が困難かもしれない．じっくりと考えながら，数字を吟味していただきたい．当時は現在と違って，測定値に標準誤差をつけることもなく，100 という値もかなりいい加減なものに見えるが，一つの測定をするだけでも大変な労力と高価で貴重な試薬を必要とした時代なので，やむをえないと思われる〕

遺伝子型		誘導していない細菌			誘導した細菌		
染色体	プラスミド	βガラクトシダーゼ	不活性タンパク質	透過酵素	βガラクトシダーゼ	不活性タンパク質	透過酵素
$i^+ o^+ z^+ y^+$	なし	< 1	—	nd	100	—	100
$i^- o^+ z^4 y^+$	$i^+ o^+ z^+ y^+$	< 1	nd	nd	320	100	100
$i^- o^+ z^4 y^+$	$i^+ o^c z^+ y^+$	36	nd	33	270	100	100
$i^+ o^+ z^4 y^+$	$i^+ o^c z^+ y^+$	110	nd	50	330	100	100

図 10　ラクトースオペロンにおけるシスあるいはトランスにはたらく変異

細菌（大腸菌）は通常は一倍体細胞であり，ゲノムは細胞あたり一コピーだけ存在する．しかし部分的に二倍体にすることは可能で，それを「部分接合体」という．そのためにはプラスミドという環状 DNA に大腸菌ゲノムの一部を挿入したものを用いる．この実験ではプラスミドとしてFプラスミドにラクトースオペロンを挿入したものを用いている．このFは細菌の接合を可能にする因子で，多産性 fécondité からその名前がついている．このようにして，染色体とプラスミドにもたせた変異を使って，優性の検査や相補性検査ができる．〔現在では細菌のゲノムも染色体と呼ぶ〕

データの１行目はプラスミドなしのコントロール実験である．酵素活性は誘導後のコントロールに対する百分率で表されている．nd：検出されず．—は，もともと存在するはずがないことを示す．

２行目は優性の検査であり，対立遺伝子 i^+ と z^+ が対立遺伝子 i^-（リプレッサーが不活性となり誘導が起きない）と z^4（この遺伝子産物はガラクトシダーゼ活性を持たないタンパク質で，ここでは不活性タンパク質として表示している）に対して優性であることを示している．つまり，誘導していない細菌の欄を見ると，プラスミドの遺伝子によってつくられる活性をもつリプレッサーにより，染色体の z^4 遺伝子からのタンパク質合成が抑制されている．したがって，リプレッサーは**トランス**に働いている．誘導した細菌の欄で，βガラクトシダーゼ活性が 100 パーセント以上になっているが，この理由は，プラスミドが染色体よりもコピー数が多いためである．

る一つの時点での多数の実験データをとること」を撮ることができる。オペロンモデルは発生遺伝学への道も開いたのである。

先に引用した部分でも示したように、オペロンによって、ジャコブとモノーは遺伝学に**プログラム**という概念を持ち込んだ。この概念は発生遺伝学において大いに利用されることになる。**遺伝的プログラム**という概念も、それに先立つ**遺伝情報**という概念も、それらが生まれた時代と関係していることは明らかである。つまり第二次世界大戦後、サイバネティクスや情報理論が生まれた時代である。しかし分野を超えた影響や貸借があったことは否定できないものの、ダーウィン進化のように、それは**修正しながら伝達**されたのである。遺伝的プログラムという概念は、さまざまに批判されるが、この概念を単純なコンピュータの計算のように考えれば、批判の余地があるのは当然である。コンピュータのプログラムは間違えることがないと思われている（当然、そんなことは現実にはない）。装置に与えられる指令は絶対に間違わないで実行されるというわけである。

遺伝的プログラムという考えは情報プログラムの比喩であり、字義どおりにとれば意味を誤ってしまう。遺伝的プログラムは、間違うことのない機械的なものではなく、そのように捉えられてはならない[1]。遺伝的プログラムは、もともと内在する偶然的なゆらぎの影響を受ける。ラムダファージも、ラクトースオペロンの制御とともに、ジャコブとモノーが創始したもう一つの生物学的**モデル**であるが、このよい例となる。はたらいている遺伝的・分子的ネットワークに関して、一九六一年当時と比べて現在ではずっと詳細がわかってきているにもかかわらず、一匹の大腸菌に一匹のラムダファージが感染したときに何が起きるのかを予言することは不可能である。つまりファージがすぐに増殖をはじめて溶菌サイクルに入るのか、それとも細菌DNAに組み込まれてプロファージになり、大腸菌を溶原菌にするのかということは予測できない。遺伝的プログラムはコンサートのプログラムに似ている。そこで演奏されるはずの楽曲はわかっているが、実際の演奏はそれぞれ異なる一回限りのものである。

別の本質的な点は、オペロンにおいては、遺伝学が環境と結びついているということである。そこに来るかもしれない登場人物が、誘導物質であるラクトースである。それが培養液中にあれば、リプレッサーによる抑制を解除し、オペロンの転写を活性化する。ヴァイスマン以来、遺伝学は、生殖細胞や細胞核や染色体という神秘の中にこもってしまっているようである。オペロンによって遺伝学は、生物を物理的システムから区別する生物の本質的性質の一つを再発見した。生物は開放系であり、環境との間でつねに相互作用しているのである。すなわち、オペロンモデルを**遺伝学すべて**の絶頂に祭り上げることは間違っており、むしろオペロンモデルは、遺伝学概念と環境との妥協に向けた第一歩なのである。

最後に指摘しておくと、すでに見たように、ジャコブとモノーは構造遺伝子と制御遺伝子の区別を

1　コンピュータ・プログラムは、紙の上で考えられたアルゴリズムのとおりである限りにおいて、間違うことはないと言える。コンピュータを使っているわれわれの数はますます増えているが、そうした者は誰でも、コンピュータ・プログラム、つまりソフトウェアには現実世界のあらゆるものと同じく、誤りがあり、故障する可能性があることを知っている。もしもソフトウェアが完全なら、開発会社がわれわれに「改良」版をいつまでも売り続けようとすることはないはずである。

導入した。遺伝学的な解析の結果、制御遺伝子には、**トランス**にはたらく遺伝子（リプレッサー遺伝子）と、**シス**にはたらく配列（オペレーターやプロモーター）があることがわかった。この区別は、**コード配列**（トランス制御因子や構造遺伝子）と**非コード**配列という現在使われる区別の前触れともなるものである。コード配列とは転写されてタンパク質に翻訳される配列のことである。非コードDNA配列は、それ以外のすべての配列である。オペレーターとプロモーターの遺伝子が存在することを遺伝学的に証明するために、ジャコブとモノーは非コード配列がゲノムに存在するという考えを導入したが、これはゲノムの機能自体にも不可欠である。そのうえで、彼らは遺伝子概念の新たな危機の芽を遺伝学にもたらした。DNAには遺伝暗号とは関係のない配列も含まれているのである。

フランソワ・ジャコブ

フランソワ・ジャコブは一九二〇年に生まれた。母方の祖父が陸軍中将であったことは、戦前のフランスでは反ユダヤ主義が広まっていたことを考えると、この一家が社会によくとけ込んでいたことを示している。一九四〇年、母が亡くなった。また、戦争のため、医学の勉強が中断された。彼はロンドンにいたドゴール将軍に合流して、自由フランス軍で戦った。彼はノルマンディ上陸作戦の際に脚に重症を負い、その後遺症が残った。一九四五年、彼は「コンパニオン・ド・ラ・リベラシオン」という勲章を受けた。一九五〇年ちょっとした偶然から、パスツール研究所のアンドレ・ルヴォフの研究室に入り、ソルボンヌ大学で行っていた生物学の研究を続けた。一九五四年に博士号を取得した。パスツール研究所で彼はエリー・ウォルマンとともに、とくに細菌の接合の研究を行った。その後、大腸菌のラクトース代謝の遺伝学について、ジャック・モノーとの共同研究を始めた。この研究によりラクトースオペロンの遺伝的制御モデルが生まれ、一九六五年、彼はアンドレ・ルヴォフ、ジャック・モノーとともにノーベル賞を受賞した。

一九六四年にはコレージュ・ド・フランスの教授に任命された。一九七〇年、パスツール研究所に発生分子生物学研究室を創設してその長をつとめた。線虫の遺伝学についてシドニー・ブレナーとともに研究をする道もあったが、それをやめて、マウスのテラトカルシノーマの研究を行った。これは腫瘍細胞の一系統で、大きな分化能をもつことが知られていた。

彼は一九七七年に科学アカデミーの、一九九六年にはフランスアカデミーの会員となった。

〔ジャコブは二〇一三年に亡くなった〕

3　発生遺伝学から「エボデボ」へ

すでに見たように、十八世紀のモーペルチュイ（一章—1）やディドロ、十九世紀の前メンデル時代におけるヴァイスマンやド・フリース（一章—3）以来、多細胞生物の発生の問題は、動物でも植物でも、遺伝的伝達の問題と結びついていた。二十世紀前半を通じて発生生物学者は、発生過程に遺伝子が何らかの役割を果たすという考え方に対して、懐疑的であったり断固として反対であったりした。そのことは、脊椎動物胚の「オーガナイザー」と呼ばれる部位がもつ誘導作用を発見したハンス・シュペーマンのような一流の発生生物学者でも同じだった。彼らは、あらゆる細胞のゲノムが同一に保たれることと、細胞分化が起きるという事実とが矛盾すると考えていた。トーマス・モーガン自身は、ショウジョウバエの遺伝学を始める前から動物学や発生学の実験をしていたため、一九三四年には発生学と遺伝学との矛盾を解決しようとする本を書いたが、新しい実験的根拠を示すことはできなかった（三章—3）。生物学の中心にいなかったリヒャルト・ゴルトシュミットやコンラッド・ウォディントン、ギャヴィン・デ・ビーアなどを別にすれば、遺伝学者と発生学者との完全な反目は一九六〇年代まで続いた。フランソワ・ジャコブとジャック・モノーが完全に見通したように、遺伝子活性の遺伝的制御のモデルは、ゲノムの一定性と細胞分化との矛盾を解決するもので、発生遺伝学への道を拓くことになった（四章―2）。

一九六〇年代末になると、分子生物学の多くのパイオニアたち同様、シドニー・ブレナーは細菌やファージの研究をやめて、真核生物の生物学を目指した。彼が選んだのは線虫で、これが発生遺伝学においいて、ショウジョウバエにつぐ第二のモデル動物となるのである。線虫が生物学の前面に返り咲くのは皮肉なことである。じつは十九世紀末に、有糸分裂や減数分裂（一章―3）といった細胞分裂の際の染色体移動を記述するのに線虫が基礎的な役割を果たしていた。しかし二十世紀中頃になると、線虫に興味をもつ生物学者は、ほんの一握りしか残っていなかった。

この時期の遺伝学に対する批判の一つは、変異遺伝子が示す表現型は、発生の最終段階でしかその効果を表さないというものであった（たとえば、眼の色や羽根の形など）。こうした現象は、胚形成の途中で予め起きる現象に比べて重要でないと発生学者たちは考えていた。一九四〇代以降、エド・ルイスは偽対立遺伝子座と位置効果（三章―2）に関する遺伝学的問題に取り組むため、ショウジョウバエの *bithorax* という遺伝子座に興味をもって研究した。ウィリアム・ベイトソンの一八九四年の造語（二章―2）に従えば、この遺伝子座の変異体はホメオティックな表現型を示した。この変異体では、平均棍という胸部第三節にある飛翔の安定化にはたらく器官が、普通なら胸部第二節に存在するはずの羽根に変化していた。いまや古典となったエド・ルイスの一九七八年の論文では、*bithorax* 遺伝子座に関する研究が総括されている。成虫では平均棍に影響を及ぼす同じホメオティック変異が、ハエの幼虫でも対応する変化を引き起こしていることがとくに注目された。つまり同じ遺伝子群が、発生の初期でも後期でも影響を示すのである。

エド・ルイスによって開発された幼虫の表現型を観察するための技術を使って、クリスチアーネ（「イアンニ」）・ニュスライン＝フォルハルトとエリック・ヴィーシャウスという若い研究者が、ショウジョウバエの胚発生の変異体の研究を四年間にわたって行い、一九八〇年に論文を発表した。彼らは百以上の変異体を単離した上でこれらの変異を分類し、体節形成に関わる遺伝子が相互作用による遺伝的カスケードをなしていることを明らかにした。それはオペロンモデルに基づいてウォディントンによって以前に示されていたものに似ていた。こうして、それ自体、制御因子（転写因子のタンパク質）をコードする遺伝子を制御する遺伝子のカスケードによって、ひと続きの発生過程をつくり上げているひと続きの時間を個々の段階に切り分けて、それぞれにおける分子レベルのしくみを理解することができるようになった。つまり**生物学的な時間**は、それぞれの段階で遺伝子が転写・翻訳されるのに必要とされる時間の長さとして、単純に決定されているのである。

エド・ルイスやニュスライン＝フォルハルト、ヴィーシャウスらによって提案されたモデルの正しさは、一九八〇年代を通じて、分子生物学的解析によって十分に証明された。一九八四年、ショウジョウバエのホメオティック遺伝子群のDNA配列が明らかにされ、それらの遺伝子が染色体上で並んでいるばかりでなく、配列が相同であることもわかった。つまりそれらの遺伝子は共通祖先遺伝子から遺伝子重複によって生じたという、一九七八年にエド・ルイスによって提案された仮説が確認されたのである。さらにそれらの遺伝子には共通の配列モチーフがあり、それを**ホメオボックス**（*homeobox*）と呼ぶことになった。分子生物学の技術を駆使することにより、ホメオボックスを手がかりとして、一九八四年から次々に多くの動物から相同遺伝子をつくりあげることができるようになった。

その中には、いろいろな脊椎動物や、ほ乳類、さらにヒトも含まれていた。さらに驚いたことに、それ以後*Hox*と呼ばれるこれらの遺伝子群が、ショウジョウバエでも脊椎動物でも、発生において同様の働きをしていることがわかった。すなわち、マウスでこれらの遺伝子の変異体をつくると、身体の前後軸に沿ったホメオティックな変化が起き、たとえば、腰椎が仙椎になる。

やがてこうした考え方が、発生に関わるさらに幅広い遺伝子に拡張され、ショーン・キャロルがすべての動物に共通の**発生遺伝子ツールボックス**を語ることができるまでになった。こうした遺伝子群はだいたい二〇あまりの遺伝子ファミリーをつくっていて、あるものは*Hox*遺伝子のような転写因子をコードし、別のものは細胞間コミュニケーションに関わるタンパク質をコードしている。このように同じ遺伝子、あるいは相同遺伝子が、昆虫でも脊椎動物でも同じように発生に関わるということは、当時の生物学者に大きな衝撃を与えた。じつは一八二二年にすでに、フランスの解剖学者エチエンヌ・ジョフロワ・サンティレールは、すべての動物が同じ身体づくりのプランを持っていることを提唱していたが、当時、ジョルジュ・キュヴィエとの有名な論争のため、無視されていたのだった。

ホメオボックスの発見は、生物学に新たな分野を生み出す衝撃を与えた。それは比較発生遺伝学であり、動物でも植物でもそれぞれに研究され、エボデボの愛称で呼ばれている。一九三〇年代から四〇年代（二章—4）にかけて形成された進化の総合説は、ダーウィン理論と遺伝学との出会いを生み出したが、発生学はのけ者になっていた。十九世紀の比較解剖学がダーウィンの進化理論の先駆けとなっていたのと同様に、エボデボは総合説に新たな広がりを加えた。発生の遺伝的しくみ自体は進化するものであって、解剖学的な進化の下支えとして、その進化の道筋の制約条件として機能しうるのである。現在、エボデボにより提起された問題、あるいはエボデボに対して提起された問題は、以下のようなものである。動物の世界で見られる形態の多様性は、ごく限られた同じ「遺伝的ツールボックス」を使って、進化の過程でどのように構築されてきたのか。同じことは植物の世界でも言える。この問題は、遺伝学につねに問われる遺伝子型と表現型との関係という大問題とも、本質的にはつながっている。

エド・ルイス

エドワード・B・ルイスは一九一八年、ペンシルベニア州で生まれた。父は宝石商だった。一九二九年の大恐慌で父が倒産したものの、彼は奨学金を得て、高等教育を受けることができた。すでに高校生のときに、ショウジョウバエの交雑実験を始めていた。一九三七年、ミネソタ大学に入学し、ハーマン・マラーを育てた遺伝学者クラレンス・オリヴィエに遺伝学と統計学を学んだ。一九三九年カルテックで、アルフレッド・スターテヴァントの指導の下、博士論文研究を始めた。彼はその間、偽対立遺伝子の組換えを、まず *Star* 遺伝子座で、次に *Stubble, white, bithorax* などの遺伝子座も使って研究した。彼はシス・トランス検定を開発した。第二次世界大戦中は、太平洋地域の内地軍将校を務めた。一九四六年、カルテックの職員となり、以後、引退するまでそこを離れることはなかった。同じ年、ハエの保存株の管理を手伝うために雇用されていたパメラ・ハラーと結婚した。

一九五〇年代末から *bithorax* 複合体のホメオティック遺伝子群が発生に果たす役割に興味をもった。彼は発生遺伝学の創始者として認められており、それにより一九九五年、イアンニ・ニュスライン＝フォルハルト、エリック・ヴィーシャウスとともに、ノーベル賞を受賞した。一九七〇年代になると、彼はデイヴィッド・ホグネスの研究グループで行われた *bithorax* 複合体遺伝子群の分子クローニングにも参画した。

一九五七年、ルイスは『サイエンス』誌に、広島や長崎のように、放射線にさらされた人々の集団におけるがんのリスクに関する論文を発表した。その当時は冷戦のまっただ中で、彼は激しく攻撃された。しかしこの問題に関する彼の研究は後になって評価され、アメリカ政府の専門家にも任命された。

エド・ルイスは音楽家でもあり、子供の頃からフルートを演奏した。二〇〇四年に死去。

4　分子レベルのブリコラージュ

一九六〇年から一九九〇年までの三〇年間は、分子生物学や分子遺伝学の勝利の時代であった。DNA複製やタンパク質合成の分子メカニズムが解明されて、詳細かつ精密に記載され、またそれに関わる分子としてRNAやタンパク質が単離された。

科学の常として、こうした成果の裏には、技術面でのめざましい進歩があり、それによってデータの収集が容易になり大量のデータも得られるようになった。一九六〇年代末には、ヴェルナー・アーバー、ハミルトン・スミス、ダニエル・ネーサンズが、特定の配列部位でDNAを切断する制限酵素を単離した。一九七二年、これらの酵素とリガーゼという別の酵素を用いて、ポール・バーグが最初の試験管内DNA組換えを行った。彼はSV40ウィルスのDNAに、ラムダファージのDNA断片と大腸菌のガラクトース・オペロンを挿入した。これが**遺伝子操作**あるいは**遺伝子工学**と呼ばれる技術の始まりとなった。こうした試験管内組換え実験には、生きた細胞を使うことが必須であり、現在でもしばしば大腸菌が使われている。この技術によって、「遺伝子クローニング」と不適切に呼ばれるDNAクローニングが可能になり、特定のDNA断片を単離して大量に増幅できるようになった。これは遺伝子導入ができるようになった第一歩であり、外来DNAを生きた細胞や生物に導入することができるようになった。一九八二年、ジェラルド・ルービンとアラン・スプラドリングがショウジョウバエで、リチャード・パルマイターとラルフ・ブリンスターがマウスで、それぞれ遺伝子導入法を確立した。一九八三年、最初の遺伝子導入植物がタバコでつくられた。その後、遺伝子導入生物（トランスジェニック生物）は、**遺伝子改変生物**（GMO）と呼ばれることになった。〔現在のカルタヘナ条約で規定される遺伝子改変生物等 living modified organism（LMO）は、生物ではないウィルスなどまでも含む〕

一九七七年、ウォルター・ギルバートとフレデリック（フレッド）・サンガーが、それぞれ独立に、DNAの塩基配列を決定する方法を開発した。一〇年後には、サンガー法による最初の自動DNAシーケンサーが市場に出た。一九八五年キャリー・マリスが、試験管内でDNAを増幅できるポリメラーゼ連鎖反応（PCR）を開発した。この方法を用いれば、ごくわずかな量のDNA断片から、百万、千万コピーのDNAをつくることも可能になった。試験管内にたった一分子のDNAがあるだけでも増幅できるようにすらなっている。最近まで、DNAクローニングとPCRがDNA配列分析に必須のステップとなっていた。現在ではまったく新しいシーケンス法とそれを使った装置（**五章―2**）が開発され、作業時間も運転コストも劇的に減少した。

最近の三〇年間を通じて、理論的にも技術的にも、生物学のあらゆる分野に分子レベルのアプローチが入り込んだ。細胞分裂を繰り返してもゲノムが変化しないことと細胞が分化することとの概念的障壁がオペロンモデルによって取り除かれ、発生学が発生遺伝学となった（**四章―3**）。免疫学も分子レベルになった。抗体の多様性は、免疫グロブリンをコードする遺伝子の変異と組換え、さらにそれを産生する細胞のダーウィン選択によって説明されている。生理学では、ホルモンによる制御が遺伝子の転写のレベルで解明され、大腸菌のラクトースオペロン制御と似たモデルにより、ホルモンが転写因子と結合する誘導剤としてはたらくことがわかった〔ホルモンが直接的に転写因子と結合する例はステロイドなどに限られる〕。進化の科学自体も二通りの仕方で分子レベルになった。一つは、タンパク質や核酸といった分子の進化を研究するという意味で、もう一つは、生物の系統を推定するのに分子情報を使うようになったという意味でである。

分子的なアプローチはきわめて実り多く、数多くの発見をもたらした。特定の遺伝子の配列の変化や制御の変化が、とくに細胞増殖の制御を介してがんにも関わっていることがわかった。カール・ウーズ〔Woese は日本では一般にウーズと書かれるが、実際の発音はウォウズ〕は、RNA分子の配列を使って、生物世界が真核生物と原核生物という二つの「ドメイン」に分かれるだけでなく、第三のドメインとして、細菌同様に核を持たない細胞からなるアーキア（古細菌）があることも示した。動物学では、動物の分類が発生遺伝学と分子系統学によって大きな変更を受けた、等々。

他方、これまで手工業的だった生物学が、一大産業的なものに変わり、農業・栄養産業や生物医学産業において、**バイオテクノロジー**が発展した。生物学の基礎的研究は、一九三〇年代の物理学のように、しだいに**ビッグサイエンス**的構造をとり始めた。怪獣とまで言わないにしても古代エジプトの王ファラオが行ったような、非常に大きな研究費を必要とするプロジェクトが出現した。ヒトゲノム全体のDNA配列を解読するプロジェクトは、なかでも目をひくものであったが（**五章—2**）、それ以外にも、DNA断片の配列を使って魚類のすべての種をカタログ化することなども行われた。

分子レベルのブリコラージュ〔日曜大工などで、ちょっとした材料を集めて、一工夫して何かを作るような工作を指す。英語では tinkering などと言う〕の最新の例は合成生物学で、さまざまに異なるアプローチがある。一つのやり方では、改変した遺伝子を生物に導入して代謝を変化させることにより、本来その生物がつくらない新規化合物を、生物を使ってつくらせることを目指す。このアプローチの例としては、ジェイ・キースリングのグループが二〇〇七年に酵母細胞にサルモネラ菌の遺伝子を導入し、代謝を改変することによってアルテミシンという抗マラリア薬をつくらせた研究がある。他のアプローチとしては、天然のDNAの中で塩基対（**四章—1**）をつくっているアデニン（A）とチミン（T）やグアニン（G）とシトシン（C）の代わりに、塩基対をつくりうる人工的なプリン塩基やピリミジン塩基を合成したスティーブ・ベンナーのグループの研究がある。改変DNAポリメラーゼを用いることで、彼らはPとZと呼ばれるこうした改変塩基をDNAに取り込ませることに成功し、これを**人工的に拡張した遺伝情報系**と呼んだ。二〇一〇年にはジョン・クレイグ・ヴェンターのグループが、マイコプラズマの一種 *Mycoplasma mycoides* の全ゲノム〔百万塩基対〕の完全人工合成に成功し、それを近縁の *Mycoplasma capricolum* の予めDNAを除去しておいた細胞に導入した。この細胞が増殖するにつれて、導入したDNAを繰り返し複製した。こうして彼らは、多少の誇張を含んで、**最初の合成細胞**と呼ぶものをつくった。二〇一一年には、合成染色体をもつパン酵母株がつくられた。

分子レベルのブリコラージュ技術により非常に多くのデータが生まれ、これらデータの保管や処理そのものが技術的に大きな問題となったため、バイオインフォマティクスと呼ばれる研究分野が生まれた。その反面、概念的な面ではあまり進歩はなく、遺伝学概念も、さまざまな困難な問題を抱えつつ、一九五〇年代から六〇年代にかけて分子遺伝学によって定義されたままにとどまっていた。

ポール・バーグ

ポール・バーグは一九二六年にニューヨークのブルックリンで生まれた。彼はペンシルベニア大学で生化学を専攻し、次いで、オハイオ州クリーブランドにあるケース・ウェスタン大学で、メチオニン代謝の研究により博士の学位を得た。ポスドク研究は、はじめデンマークで、その後、ミズーリ州セントルイスにあるワシントン大学医学部のアーサー・コーンバーグのもとで行った。一九五五年から五九年までの間、そこで生化学教授を務めた。一九五九年、カリフォルニア州のスタンフォード大学の生化学教授に任命され、引退までそこで研究を行った。

一九七二年、SV40ウィルスのDNAを用いて、最初の試験管内DNA組換えに成功した。この技術は若い研究者たちに不安感を与えたため、その後、著名な一〇名の生物学者と連名でサイエンス誌に記事を書き、遺伝子工学実験の一時停止を呼びかけた。それを受けてカリフォルニア州アシロマーで国際会議が開かれ、安全規則のもとでという条件で遺伝子実験を再開することになった。

一九八〇年、彼の試験管内DNA組換え技術の開発に対して、ノーベル化学賞が授与された。

彼は現在に至るまで、バイオテクノロジーや幹細胞、GMOなどによって提起された倫理的問題に強い科学的「関心」を抱き続けている。

第五章　分子レベルの遺伝子概念の今日的危機

分子生物学の進歩自体が、分子レベルの遺伝子概念の今日的危機を招くことになった。その発端は、真核生物において遺伝子がひと続きではなく、**エクソン**とよばれるコード領域（その部分だけがタンパク質に翻訳される）と**イントロン**とよばれる非コード領域から成り立っていることであった。メッセンジャーRNAがつくられる際のエクソンのスプライシングは巧みに制御されており、一つの「遺伝子」からでも複数の異なるタンパク質がつくられるという、「一遺伝子－一タンパク質」原理に反することが起きる。大腸菌でジャコブとモノーが確立したオペロンモデルでのオペレーターやプロモーターに相当するものとして、真核生物のシス制御に関わる非コードDNA配列があるが、DNA塩基対の長さで測った非コード領域の大きさはコード領域よりもずっと大きいこともすぐに明らかにされた。このほかに、小さな非コードRNAという、別の遺伝子制御因子も発見された。さらに、ゲノム全体の転写解析の最近の結果によれば、少なくとも真核生物では、ゲノムのほとんどの部分が転写されており、それには多数の非コードRNAばかりでなく、コード領域を含めた「遺伝子」の相補鎖まで含まれることがあることがわかった。これに加えて、「エピジェネティクス」とよばれる伝達様式が解明されてきた。このシグナルはDNAの配列それ自体は変化させずに、細胞から細胞へ、また世代から世代へと伝達することができ、表現型に影響を及ぼす。エピジェネティックな伝達は、染色体を構成するDNAとタンパク質の複合体であるクロマチン構造の修飾に基づいている。分子レベルの遺伝子概念は、遺伝暗号に従ってタンパク質に翻訳されうるDNAの連続した「コード」領域として一九六〇年代に定義されたが、遺伝現象をもはや説明できなくなっている。

1　分断された遺伝子と飛び回る遺伝子

一九六〇年代末以降、分子遺伝学の概念は生物学の基本的な問題の大部分に答えることができると、多くの生物学者が考えるようになっていた。それとは裏腹に、モーガンの遺伝子概念の危機の場合と同様（**三章―2**）、分子遺伝学による解析の進歩それ自体によって、遺伝子の分子レベルの概念に、たちまち危機がもたらされた。

分断された遺伝子

最初の警告は一九七七年にフィリップ・シャープとリチャード・ロバーツによって同時になされた発見で、それはアデノウィルス（ヒトの細胞に感染するウィルス）のメッセンジャーRNAの構造が、鋳型となるDNAの構造と異なっているというものだった。**遺伝子**に存在する配列の一部分が、メッセンジャーRNAには存在しなかったのである。この配列はやがてウォルター・ギルバートによって**イントロン**と名づけられ、遺伝子から転写されたばかりの配列にも挿入されていた。そのため、メッセンジャーRNAの生成に至る過程は、大腸菌のラクトースオペロンの場合よりもずっと複雑であった。最初に一次転写産物がつくられ、次にこの分子を変化させることでメッセンジャーRNAがつくられる。この変化の過程ではたらく主要なしくみは、イントロン配列の切り出しと、残った**エクソン**配列（介在配列〔英語で intervening sequence と言い、イントロン intron の語源となった〕を表すイントロンに対比するものとしてこう名づけられた）の再結合により、直鎖状につながった新たなRNA分子をつくり出すことであり、この産物がタンパク質合成のためのメッセンジャーRNAとしてはたらく。核の中で長い一次転写産物からそれぞれのエクソンをつなぎ合わせるしくみを、**スプライシング**と呼ぶのは、二つに切れたロープの端をより合わせてつなぐ作業との類似に基づいている。スプライシング過程の他にも、一次転写産物が核内で受ける修飾として、5'末端にメチル化グアニンからなるキャップ構造が付加されることと、3'末端にアデニンからなる長さのさまざまな尾（ポリA鎖）が付け加えられることが挙げられる。このような修飾（プロセシング）が施されて初めて、RNAはメッセンジャーとして細胞質に輸送され、そこでタンパク質に翻訳される。

シャープやロバーツによる最初の発見後まもなく、ピエール・シャンボンが卵白アルブミンについてもスプライシングがあることを示し、スプライシングがウィルスに限定されないことがわかった。すなわち、真核生物の遺伝子はイントロンとエクソンからできているのである。ピョートル・スロナンスキは、パン酵母のミトコンドリア遺伝子でもイントロンを発見した。また、チューとその共同研

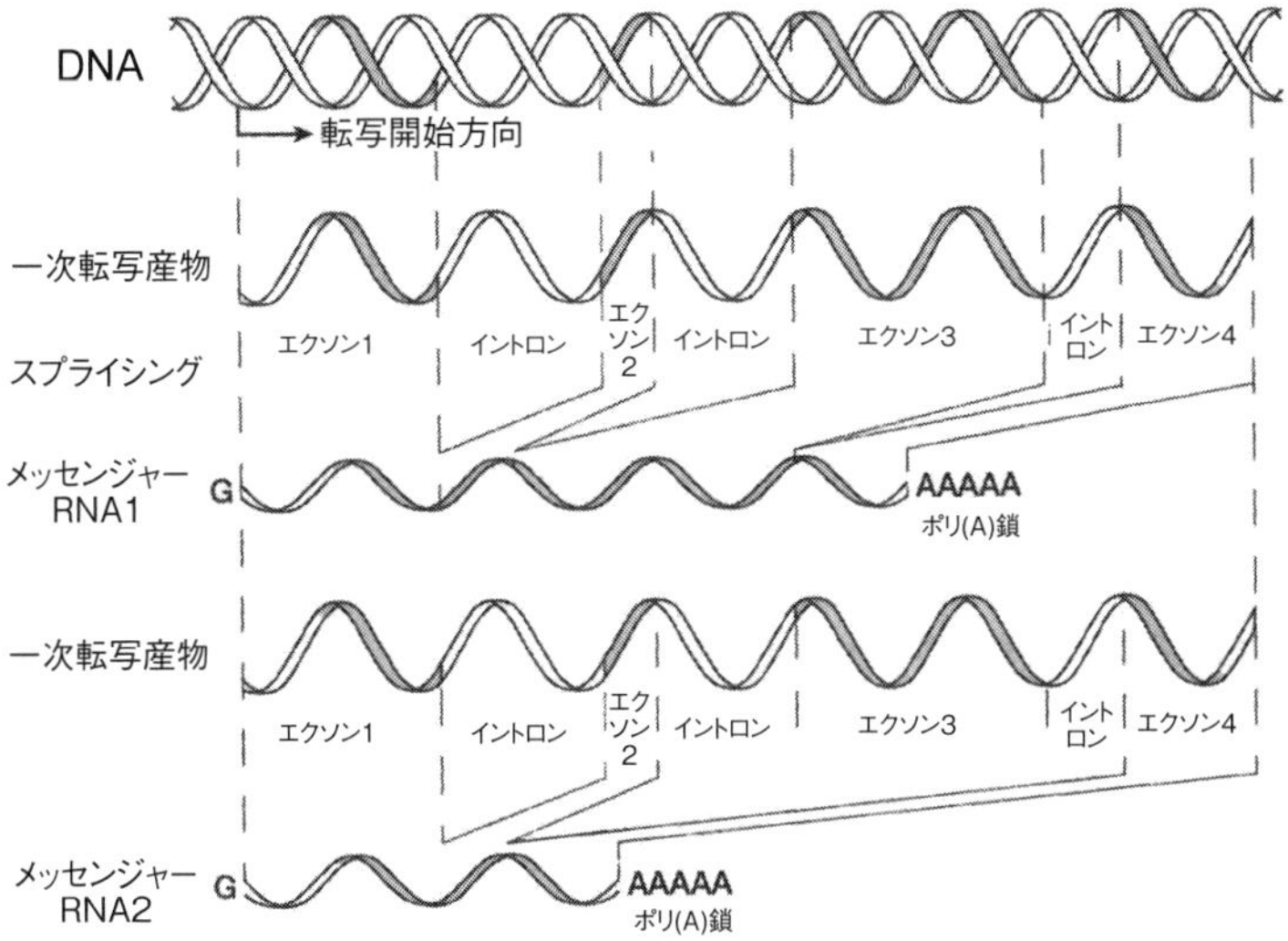

図 11　スプライシングと複数のメッセンジャー RNA の生成

「遺伝子」は DNA 上のコード領域部分と非コード領域部分からなる．コード領域部分は灰色で示す．成熟した〔分子生物学では一般に，「できあがった」メッセンジャー RNA のことをこのように表現する〕メッセンジャー RNA では，特定の領域（エクソン）だけが含まれている．その領域では，DNA の二重らせんの一方だけ（メッセンジャー RNA と相補的な鎖）がエクソンを含んでいることがわかる．スプライシングにより，途中部分（イントロン）が除かれ，エクソンが再結合されてひとつながりの RNA になり，それが次の段階で翻訳される．真核生物のメッセンジャー RNA にはキャップ構造（グアニン：G）とポリ（A）鎖の尾がつく．最初と最後のエクソンには，非コード領域が含まれる．メッセンジャー RNA1 の場合，4 個のエクソンが使われているが，メッセンジャー RNA2 にはエクソン 3 が含まれず，3 個のエクソンだけが使われている．こうして，2 種類の異なるタンパク質が，同一の「遺伝子」から合成される．

〔キャップ構造は単なるグアニンが結合しているのではなく，メチル化されたグアニンが逆向きに結合し，さらにとなりの塩基にも修飾が起きているのが一般的である〕

究者たちは一九八四年にT4ファージで、また、フランソワ・ミシェルは細菌遺伝子でもイントロンを発見した。今ではヒトの遺伝子の九〇パーセント以上がスプライシングを受けていて、それによって、細胞や組織ごとに異なるメッセンジャーをつくり出していると推定されている。そうなると遺伝子がイントロンで分断された複数の断片から構成されていることが一般的規則になり、細菌で多く見られるようなイントロンを持たないひと続きのDNAでできている遺伝子は、むしろ例外ということになった。

イントロンの発見により、遺伝子の配列とそれがコードするタンパク質の配列との共直線性colinéarité〔二つの配列が並列していることを指す〕という原理（**四章―1**）に修正が必要になったが、これだけなら原理を根本的に変更しなければならないほどではなかった。メッセンジャーRNAの配列も、タンパク質の配列も、DNAの配列を少し変更すれば、まだ直線的な対応関係にあったからである。しかしやがて、スプライシングには新たな種類の制御があることがわかってきた。つまり、イントロンとエクソンの選択の仕方が変わることにより、DNAの同じ配列から、共通部分と異なる部分を含むさまざまなタンパク質ができるのである。したがって、同一の「遺伝子」から多数のさまざまなポリペプチド鎖ができうるのであり、これは「一遺伝子－一酵素」というルールに明らかに反している。知られている最も顕著な例はショウジョウバエの*Dscam*遺伝子で、この遺伝子は神経細胞のガイダンスに関わるタンパク質をコードしている。この遺伝子の場合、選択的スプライシングによって、理論的には三万種類以上もの異なるメッセンジャーRNAがつくられる可能性があり、そのうちの七四種類は実際に単離されて確認されている。一つの神経細胞が二種類のタンパク質を含みうることがわかっているので、ここから計算すると、神経細胞のもちうる多様性は 2^{74} つまり 10^{22} という天文学的な数字になってしまう（これに対して、ヒトの場合、実際の神経細胞の数はだいたい 10^{11} 程度である）。

一つの「遺伝子」から生み出される産物の種類は、さらに複雑になる。イントロンが存在する場所はコード領域とは限らず、非コード領域にもあり、コード領域エクソンの上流側（**リーダー部**）では、プロモーターと開始コドンとの間にあることもあり、下流側では、終止コドンからメッセンジャーRNAの端までの間にあることもある。さらにRNAポリメラーゼが転写を開始するプロモーターも複数存在することがある。これらの異なる部位をどう使うのかもまた、組織や発生段階によって制御されている。こうして、たった一個の「遺伝子」から数多くの異なるメッセンジャーRNAがつくられるということが起き、それらのメッセンジャーRNAからできるタンパク質が同じものであることもあり、また選択的スプライシングが起きた場合には、異なるタンパク質ができることもある。

エクソンと転写開始点が何通りも存在することによって、タンパク質を**コード**するDNA領域という一九六〇年代に定義された分子レベルの遺伝子概念（**四章—1**）は、いくらか変更が必要になってきた。遺伝子は、コード領域（エクソン）を含んだ一つの転写単位を包含するDNA領域となった。この定義はゲノム解析ではまだ生きている（次項）が、この転写単位を構成するさまざまな領域の境界や組み合わせを考えると、転写単位を厳密に決めることはしばしば困難になる。ミシェル・モランジュの言葉を借りれば、**遺伝子**は「ファジー」flouになった。

RNA編集

RNA編集（英語ではRNA editing）は一九八六年、トリパノソーマというねむり病の原因となる単細胞寄生虫のミトコンドリア遺伝子で発見された。この場合には、RNA配列の途中で、ウラシル（UはDNA中のチミンTに対応するRNAの塩基）を付け加えたり取り除いたりすることによって、メッセンジャーRNAの配列に変更が加えられる。この修正の数が非常に多いため、DNAの配列を見てもどんなタンパク質をコードするのかまったくわからず、編集後のRNAの配列を見てはじめてわかる。それ以来、RNA編集の例はさまざまな生物で見つかってきた。たとえば、ヒトや哺乳類の特定のメッセンジャーRNAでも、RNAウィルスでも見つかり、植物の葉緑体やミトコンドリアの転移RNAやリボソームRNAでは数多く検出され、また最近では、原核生物のアーキアでもRNA編集が見つかった。RNA編集の方法としては、トリパノソーマのようにUを挿入したり除去したりするもののほかに、シトシンの脱アミノ化によってウラシルに変える場合や、アデニンの脱アミノ化によってイノシン（実際にはGとして読まれる）に変える場合など、さまざまなやり方がある。RNA編集は一般的な現象ではなく、進化の過程で、何度も独立に、さまざまな方法で生まれたものである。とはいえ、このことから、遺伝情報が必ずしもすべてDNAに書き込まれているとは限らないということがわかる［この表現は誤解を生むかもしれない。「遺伝情報が最終的に使われるときの形でDNAに書き込まれているとは限らない」といえば間違いがないだろう。RNA編集をするには、ガイドRNAという相補的なRNAが使われ、これはゲノムの別の場所から転写されてできる。また、脱アミノ化を行う酵素の遺伝子もゲノムにコードされている。その意味では、必要な材料は全部ゲノムから供給されている］。進化をブリコラージュになぞらえたフランソワ・ジャコブの言葉を借りるならば、RNA編集の例が示すのは、分子レベルのブリコラージュの観点から見て、**遺伝子工学**よりも進化の方がはるかに優れていたということである。

タンパク質の配列から機能へ

一九六〇年代初めの分子生物学者たちは、タンパク質の一次構造（配列）〔原文には séquence primaire 一次配列と書かれている。しかし生化学では、「一次構造」か「アミノ酸配列」のどちらかを使うことになっていて、「一次配列」は研究者もよくおかす誤りである。ここでは一次構造として訳出した〕、すなわちメッセンジャーRNAの配列から翻訳されてできる直線上にならんだアミノ酸配列がわかれば、タンパク質の機能がわかると考えていた。つまり当時、一般的に受け入れられていた考え方は自己組織化であり、鋳型となるメッセンジャーRNAからリボソーム上で合成されたポリペプチドは、自動的に三次元的な正しい折りたたみ（タンパク質の三次構造）ができるというものであった。そしてこの立体構造こそがタンパク質の機能を決めるのである。こうした考え方の根拠はおもに、ファージや植物ウィルスの形成機構であり、その場合、遺伝物質であるDNAまたはRNAを保護する殻をつくるタンパク質が、リボソームで合成されたタンパク質から自発的に構築できる。[1]

1　アンリ・アトランは自己組織化について、「混沌からの秩序」という原理に基づく別の考えをもっている。H. Atlan (1972), *L'Organisation biologique et la théorie de l'information*. Paris, Seuil. 改訂版は二〇〇六年、第十章。

しかしすぐに、タンパク質は複数の立体配置をとりうること、とくに複数のポリペプチド鎖（同一のサブユニットでも異なるサブユニットでも）からできたタンパク質が複数の配置をとりうることがわかった。これはヘモグロビンをモデルとして、ジャック・モノー、ジェフリー・ワイマン、ジャン゠ピエール・シャンジューによって一九六五年に理論化され、アロステリー（「別の形」という意味）と呼ばれている（ヘモグロビンのアロステリック構造変化については、ここでは説明不足であり、この後の文章で書かれていることは、サプレッサー変異の話である。複数の立体構造をとりうることの説明としては、酸素を結合したヘモグロビンとそうでないヘモグロビンは、サブユニットの形や集合のしかたが少し異なり、すべてのサブユニットが同時にどちらかの形をとるというように、スイッチ的に構造変化が起きることが知られている）。つまり活性をもったタンパク質はしばしば、単一の翻訳産物ではなく複数のポリペプチド鎖からできており、遺伝学的には面白いことが起きる。一つのポリペプチド鎖に起こったエラーが、別のポリペプチド鎖の変化によって補償されることがあるが、後者の変化は他の場面であればエラーになるはずのものである。その場合、一つの**遺伝子**（同一タンパク質の翻訳に対応するDNA配列）の異なる変異対立遺伝子の間で起きる相補（野生型の表現型に戻ること）と同じことになる。これは、機能的相補を調べる遺伝学的検査の結果に基づいてシーモア・ベンザーが**シストロン**として定義した遺伝子概念（**三章—5**）にとって、困難な問題である。

さらに一九八九年、フランツ゠ウルリヒ・ハルトルとアーサー・ホーウィッチは、ポリペプチド鎖が正しい三次元構造に折りたたむには、**シャペロン**と呼ばれる特別なタンパク質の作用が必要だということを発見した。加えて、真核生物の場合、タンパク質のアミノ酸側鎖には、翻訳後に修飾が施されることもある。リシンのメチル化、セリンやスレオニンのリン酸化などである。こうした翻訳後修飾はタンパク質の構造や機能に重大な影響を及ぼし、それは生物の発生過程で細かく制御されている。こうした修飾は細胞構築に別のステップを加えている。同一のメッセンジャーRNAから出発して、よく似てはいても化学的にも機能的にも異なるタンパク質をつくることができるのである。

一九八二年、スタンリー・プルシナーは、**スクレイピー**と呼ばれる羊の病気（伝達性海綿状脳症）の原因となる感染性因子がタンパク質だけからなり、核酸は含まれていないと提唱した。しかしスクレイピーは伝染性で、細胞から細胞へ、また別の種にも感染するため、なにか遺伝的な連続性をもっていると考えられた。プルシナーはこれをプリオン（感染性タンパク質という意味）と名づけた。狂牛病やヒトのクロイツフェルト・ヤコブ病などの他の海綿状脳症や、その他の神経変性病も、プリオンが原因である可能性があった。これは明らかに「分子生物学のセントラルドグマ」とは矛盾する。プリオン仮説は、プルシナーやその他の研究グループの決定的な研究に基づいて、一九九三年になってようやく認められた。スタンリー・プルシナーは一九九七年にノーベル賞を受賞した。細胞性プリオンタンパク質は、神経細胞の正常な成分である。変異など何らかのアクシデントがあると、プリオンタンパク質は毒性をもつコンフォメーション（立体構造）をとる。そうなると毒性プリオンがシャペロンのように働き、正常プリオンタンパク質の構造を変えてしまう。この性質によって、プリオンが感染性をもつことや、病気の動物の感染性プリオンタンパク質が正常プリオンタンパク質と同一のアミノ酸配列をもっていることが説明できる。プリオン〔のように構造変化する性質をもったタンパク質〕は、酵母やその他の菌類で発見されている。最近の研究で、プリオン型のタンパク質が記憶の神経メ

一次構造(アミノ酸配列)

MSFTLTNKNV IFVAGLGGIG LDTSKELLKR DLKNLVILDR IENPAAIAEL
KAINPKVTVT FYPYDVTVPI AETTKLLKTI FAQLKTVDVL INGAGILDDH
QIERTIAVNY TGLVNTTTAI LDFWDKRKGG PGGIICNIGS VTGFNAIYQV
PVYSGTKAAV VNFTSSLAKL APITGVTAYT VNPGITRTTL VHKFNSWLDV
EPQVAEKLLA HPTQPSLACA ENFVKAIELN QNGAIWKLDL GTLEAIQWTK
HWDSGI

立体構造

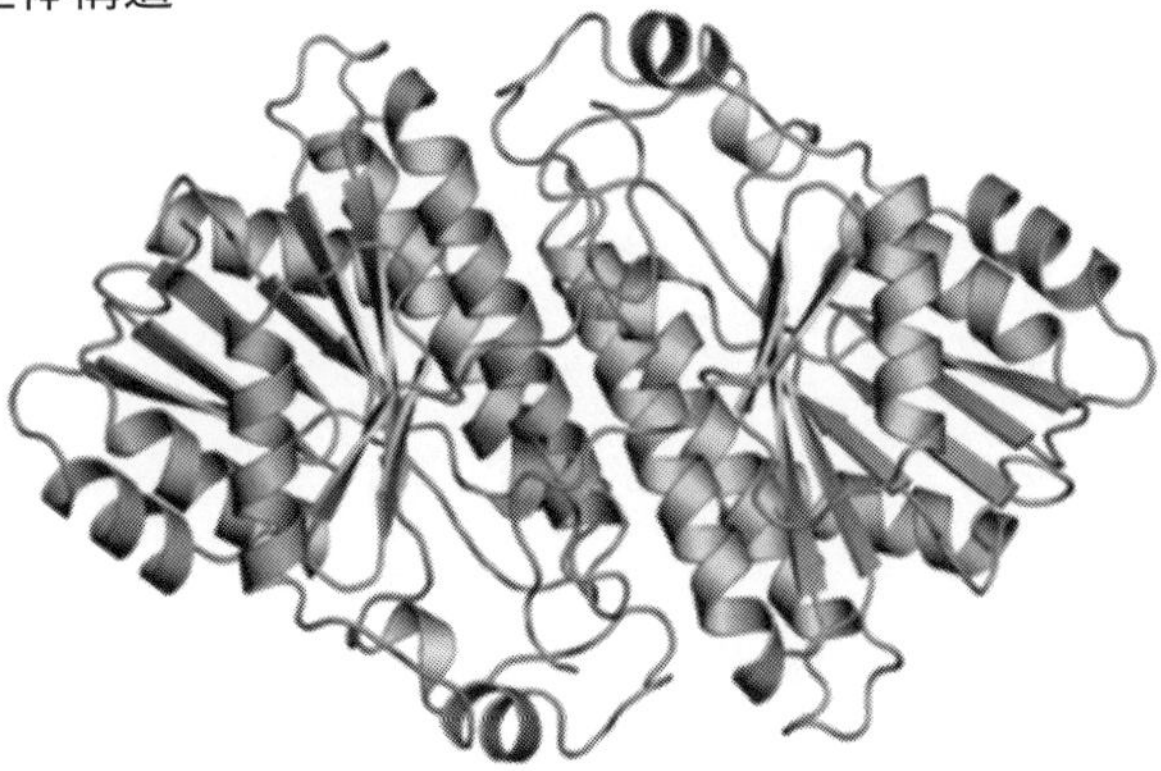

図 12　ショウジョウバエのアルコール脱水素酵素というタンパク質の一次構造（アミノ酸配列）と三次元構造

上はタンパク質の一次構造，つまりそれを構成するアミノ酸の並び方を示す．アミノ酸の表記：A／アラニン　C／システイン　D／アスパラギン酸　E／グルタミン酸　F／フェニルアラニン　G／グリシン　H／ヒスチジン　I／イソロイシン　K／リシン　L／ロイシン　M／メチオニン　N／アスパラギン　P／プロリン　Q／グルタミン　R／アルギニン　S／セリン　T／スレオニン　V／バリン　W／トリプトファン　Y／チロシン

下はタンパク質の三次元構造の伝統的な表し方を示す．この表し方では，リボン状の部分がαヘリックスを，矢印がβシートを示す．活性型酵素は，同一のアミノ酸配列を持つポリペプチド鎖二本からできているホモダイマーである．さらに活性型酵素には，ニコチンアミドアデニンジヌクレオチド（NADP）という補酵素が結合している．

カニズムに関わっていることもわかってきた。

動的なゲノム

バーバラ・マクリントック（**三章—2**）によって発見された**不安定な遺伝子**は、決して特殊な例外ではなかった。不安定な遺伝子はゲノム全体のかなりの割合を占めており、ヒトゲノムの半分近く、被子植物のゲノムの三分の二ほども占めるが、進化にも重要な役割を果たしている。つまりトランスポゾンが宿主ゲノムに入り込んだ後に、選択の過程で保持されたり、改変されたりすることによって、新たな機能を獲得した「飼い慣らされた domestiqué」状態になると考えられ、そこから派生した**遺伝子**がつぎつぎと発見されてきた。たとえば、脊椎動物の適応的な免疫システムは、私たちの身体の中で非常に多数の抗体をつくることを可能にしているが、このしくみはもともとトランスポゾンの挿入のしくみから生じたものに基づいている。一方で、一九六〇年代にバーバラ・マクリントックが考えたように、トランスポゾンはそれが挿入された部位の近傍にある遺伝子の発現を制御するという意味で、制御因子の源泉ともなる。こうして、メンデル以来、遺伝子の明確な特徴と考えられてきた安定性が相対的なものとなってきた。一つの種の生物の**遺伝子地図**をつくることが今でもできるとしても、この地図は個体ごとに違っているかもしれない。かつてハーマン・マラー（**三章—1**）によって示された放射線によって誘起される染色体再編成（欠失、逆位、転座）のようにまれな変異以上のゲノム構造の改変も、トラスポゾンの転移によって起こりうるのである。

フィリップ・シャープ

フィリップ・アレン・シャープは一九四四年、ケンタッキー州ファルマスで生まれた。彼は兵役免除となり、ベトナム戦争への徴兵を免れたため、アーバナ－シャンペーン大学（イリノイ州）で、DNAの構造に関する化学の研究を続けることができた。博士の学位取得後、最初のポスドク研究をカルテックで行い、細菌プラスミドの構造について研究した。その後二度目のポスドク研究を、コールドスプリングハーバー研究所で、ジェームズ・ワトソンの指導のもとに行い、アデノウィルスを研究した。

一九七四年、彼はサルヴァトーレ・ルリアに招かれてマサチューセッツ工科大学に赴任し、デイヴィッド・ボルティモアなどとともにがんの研究を行った。彼の研究グループは現在でもアデノウィルスの研究を続けている。

一九七八年、ウォルター・ギルバートとともにビオジェンというバイオテクノロジー企業を興した。一九八五年にはサルヴァトーレ・ルリアの後任として、MITのがんセンターの所長に就任した。一九七七年、アデノウィルスのDNA中に、転写されても翻訳されない配列（イントロン）が存在することを発見した。彼は一九九三年、同時に同じ発見をしたイギリス人リチャード・ロバーツとともにノーベル医学生理学賞を受賞した。

その後シャープは、真核生物のRNAの研究、とくに調節的な低分子RNAの研究を続けている。

2　ゲノム解読——非コードDNAの重要性

最近まで、DNA断片の配列を決める方法として最もよく用いられたのは、サンガー法（**四章—4**）であった。この方法が開発されてからしばらくの間、その目的は、ある生物の全DNA塩基配列を解読することであった。フレッド・サンガー自身、一九七八年には、φX174というファージの全塩基配列を発表している。その配列は約五千塩基対（bp）で、印刷しても二〇頁程度で済んだ。そこで**ゲノミクス**という新たな学問分野が生まれた。一九九五年、ジョン・クレイグ・ヴェンターの研究グループ（TIGR研究所）から、肺炎や髄膜炎の原因となるインフルエンザ菌 *Haemophilus influenzae* の全ゲノム配列（一八〇万塩基対）が発表された。ヨーロッパの多くの研究室のコンソーシアムは、パン酵母 *Saccharomyces cerevisiae* の全染色体ゲノム配列の解読にとりくみ、約一二〇〇万塩基対におよぶ配列は一九九六年に発表された。一九九八年、動物として初めて、線虫 *Caenorhabditis elegans*（**四章—3**）の全ゲノム配列（九七〇〇万塩基対）が公表された。塩基配列のデータベースがつくられ、やがてインターネットで利用できるようになり、これは現在、ゲノムデータベースのモデルとなっている。遺伝学者が使うショウジョウバエ *Drosophila melanogaster* の全ゲノム配列（一億二千万塩基対）や、最初の植物ゲノムとして、モデル植物であるシロイヌナズナ *Arabidopsis thaliana*

の全ゲノム配列（一億一五〇〇万塩基対）も、二〇〇〇年に相次いで発表された。

ごく最近になって、サンガー法によらない新しい配列解析技術が開発され、**次世代**シーケンス解析と呼ばれている。その特徴は、数十塩基（せいぜい一〇〇塩基）のＤＮＡ断片の配列しか決められない（サンガー法なら最大一千塩基まで読める）一方で、費用が安く、高速であること、同時並行で多数の配列解析が自動的にできることである。非常の多くの短い配列から、一本のＤＮＡ配列をどうやってアセンブルするかが問題である。〔二〇一五年現在、ロシュ社の GS FLX+（通称 454）シーケンサでは約一千塩基まで、イルミナ社の HiSeq 2500 では約一〇〇または一五〇塩基まで、両末端から読むことができるので、事情はかなり改善された〕

ではわれわれにとくに関心のある動物、つまりヒトについてはどうだろうか。一九八五年にはすでに、カリフォルニア大学サンタクルズ校のロバート・シンシェイマーが、ヒトゲノムの配列決定の実現性について議論する会議を開催した。同じ年、レナート・ダルベッコはサイエンス誌に、ヒトゲノム配列決定プロジェクトに賛同するアピールを掲載した。一九八八—八九年には、スイスでヒトゲノム機構（ＨＵＧＯ）が創立された。一九八九年、激しいロビー活動の末に、ジェームズ・ワトソンの指揮のもと、**ヒトゲノム・プロジェクト**がスタートした。国際コンソーシアムの進み方の遅さに業を煮やしたクレイグ・ヴェンターはセレラという企業を設立し、そこではヒトのＤＮＡのランダム断片の配列を決める方法とバイオインフォマティクスを活用したアセンブルに基づく新たな手法を開発した。一九九六年、公益団体であるウェルカムトラストはバミューダで会議を開き、さまざまな機構やチームの競合に終止符をうち、共通ルールを定めた。そこでは、ヒトゲノムが人類共通の財産である

ヒトゲノムは一つ？　それとも多数？　多様性が重要

まだクレイグ・ヴェンターや国際コンソーシアムがヒトゲノムの「ドラフト配列」を発表する以前、一九九八年には、遺伝進化学者リチャード・ルウィントン〔ルウォンティンとも書かれるが、実際の発音に近い表記にした〕がこうしたプロジェクトを批判していた。すなわち当時問題になっていた「ヒトゲノム」は複数の個人に由来する「平均的な」ゲノムであって、たった一つの配列を決めても、それは人類の遺伝子の多様性を反映しない（個々人はそれぞれが異なるユニークな存在である）だけでなく、二組ずつ存在する染色体（父方と母方のそれぞれから伝えられたもの）に存在する遺伝子の差異を反映したものにもならない。彼が言うには、「ヒトゲノム・プロジェクト」が喧伝する治療的目的のためには、こうした差異に注目することが最も重要であるが、その一方で、こうした個人の遺伝子型判定は倫理的・社会的に深刻な影響がある。

事実、二〇〇四年に公開された「決定版」配列では、多型頻度（個人ごとに異なる塩基の頻度）が一千分の一程度と推定され、これは配列決定の方法論的なエラー頻度である百万分の一よりもずっと大きな値であった。多型の問題に対する「ヒトゲノム配列」執行部の回答はあっけなかった。平均的な配列に満足できないのであれば、個人の配列も決めよう、というわけである。二〇〇七年、セレラ社がクレイグ・ヴェンター自身のゲノム配列を発表した。このゲノム中に存在する多型、つまり母方と父方の違いは、ゲノム全体の〇・五パーセントであり、二〇〇四年に予測された〇・一パーセントよりもずっと大きかった。

こうした新しい方法の一つを用いて、ジェームズ・ワトソンのゲノムも二〇〇八年に完全に解読され、公表された。それに続いて八名の個人、すなわち、アフリカ人、アジア人、ヨーロッパ人の配列も決められた。多型データも次々に得られている。ヒト個人の間ではＤＮＡの約一—三パーセントが異なっている。これらの変異の大部分は、すべてではないが、主に非コード領域のＤＮＡにあり、「コード」遺伝子の発現、生成されるタンパク質の量や生成される組織や発生のタイミングなどに影響を及ぼしている。

こと、その配列が私企業に売られることがあってはならないことを決めた。バミューダの会議に出席していたクレイグ・ヴェンターはこの原則に同調しなかった。そのため、ヴェンターと国際コンソーシアムとの競争は続いた。二〇〇〇年、公共コンソーシアムのアメリカ側のリーダーとしてジェームズ・ワトソンの後を継いだフランシス・コリンスとクレイグ・ヴェンターも同席して、アメリカ大統領ビル・クリントンがホワイトハウスからヒトのドラフトゲノムの完成を宣言した。そしてヒトゲノム配列は、私企業と公共グループという両グループから一年後に公開された。さらに改良した「決定版」配列が二〇〇四年に公開されたが、その長さは二八億五一〇〇万塩基対であった。これで競争は終わり、両者引き分けとなった。

この業績はどのように考えたらよいだろうか。

こうしたプロジェクトに必要とされる莫大な資金と労働力の投資が可能になったのは、著名な生物学者が成果の重要性を約束したからである。とくに、ヒトゲノムのＤＮＡ配列がわかることによって、あらゆる病気やその治療に関わる遺伝子を見つけ出すことが可能になるはずだった。**しかしこの約束が守られなかったことは明白である。**

完全なヒトゲノム配列の解析により、まず驚くべき結果が得られた。ヒトゲノムは特別に遺伝子がたくさんあるわけではないのである。ゲノム解析においても、遺伝子は依然として一九六〇年代に定義された分子生物学の概念のまま、翻訳の単位でありつづけ（**四章―1**）、選択的スプライシングに関連した複雑性（**五章―1**）を考慮して拡張し修正されただけだった。二〇〇四年における推定によれば、ヒトゲノムにはせいぜい二万個から二万五千個の遺伝子が存在するだけだった。一方で、当時知られていた動物ゲノム、たとえばショウジョウバエや線虫は、一万四千個から一万九千個の遺伝子を持っていた。少し後になると、多くの人々に「原始的」と思われている海産のイソギンチャクや淡水産のヒドラのゲノムも解読され、一万八千個から二万個の遺伝子があることが判明した。しかもこれらの遺伝子は、線虫やハエの遺伝子に比べて、ヒトの遺伝子により近かったのである。ヒトの全「遺伝子」配列（コード領域の配列という意味で）は、チンパンジーの配列に比べて二パーセント以下の違いしかなかった。ダーウィンの考えとは裏腹に、ヒトという種の絶対的優越性を信じる人々には、きわめて困難な結果を突きつけることとなった。

ヒトゲノムの基準配列を調べると、DNAのうちのたった五パーセントだけがコード領域、つまり、**遺伝暗号**に従ってタンパク質に翻訳されうる領域である。非コード領域の一部はトランスポゾンによって占められているにしても、かなりの部分は遺伝子発現の制御領域である。これらは、一九六〇年代にジャコブとモノーが大腸菌のラクトースオペロンについて明らかにした**オペレーター**や**プロモーター**といった**制御遺伝子**と同じタイプのシスにはたらく配列ではあるが、ずっとスケールの大きなものであった。一例を挙げるならば、ショウジョウバエの胚発生に関わるクリュッペル *Krüppel* 遺伝子の転写単位は、全コード領域一五〇〇塩基対に対して、二五〇〇〇塩基対の長さがあるが、この遺伝子の正確な発現に必要とされる配列はその五倍も大きい。**ジャンクDNA**という言葉もときどき使われるが、それどころか、これらの非コード領域配列には機能があり、必要なものである。これらの配列は、コード領域と同様に、安定であり、変異が起き、進化の対象となる。こうしたDNA配列があるからこそ、**遺伝子の発現制御それ自体が遺伝的に決定されている**。ところがこれらの配列がもつシグナルは、**コード**領域の配列のようにアルファベットで表されたり、転写されたり、**遺伝暗号**に従って翻訳されたりするようなものではない。そこに含まれるシグナルはもっと別の種類のものである。そのシグナルを「読み取る」のはタンパク質を合成する翻訳装置ではなく、メッセンジャーRNAを合成する転写装置である。これらの装置は、RNAポリメラーゼとそれに付随するタンパク質からなる複合体であり、転写開始をするプロモーターの近傍に結合するものや、転写を「制御する」「特異的な」転写因子、適切な時期と適切な組織でタンパク質コード遺伝子を発現させているものなどがある。こうした転写因子は、細菌ではオペレーター、真核生物では**エンハンサー**と呼ばれる配列に結合する。ゲノム上の特定の部位に特定のタンパク質を結合させるシグナルはアナログ的なもの（立体的あるいは幾何学的なもの）である。つまりDNAの局所的な**形**がタンパク質やRNAポリメラーゼ、転写因子の三次元的形態によって認識される。このような形態はDNAの局所的な配列だけでなく、隣接する配列によっても決められる。こうしたDNAの形態は必ずしも変化しないものではなく、たとえばそれに結合するタンパク質があるときだけ、またはその近くに結合するタンパク質の存在下でのみ形成される一時的なものでもありうる。そのためこの種のシグナルは、**遺伝暗号**に比べて解読するのがずっと難しい。DNAが保持する情報は、アルファベットのような生物界で共通なデジタル情報だけでなく、生物特異的なアナログ的なものもある。少なくとも真核生物では、デジタル的な情報と比べて、二重らせん分子の全体にわたってDNAがもつ、幾何学的・アナログ的なシグナルのほうがずっと重要である。

遺伝情報伝達の化学的支持体が非周期的結晶であるはずだと言ったシュレーディンガーは、結局のところデジタル的な情報コード化を思い描いていたのであろうし、分子生物学者がそのように解釈することにより**遺伝暗号**の解明につながった（**四章─1**）。確かにDNAは**非周期的な結晶**であるが、現在では、DNAが遺伝的に伝達しうるメッセージが、アルファベットのようなデジタル的なコードだけではないことがわかっている。非コード領域のDNAが、細胞内でなにも機能をもたないと考えられた時期もあった。それを**ジャンクDNA**とさえ言ったこともある。今ではまったく逆に、非コードDNAの大部分はRNAに転写され、おそらく機能もあると思われている（**次項**）。さまざまな脊椎動物種のゲノム比較の研究によって、非コード領域の制御DNAが進化において重要な役割を果たしている可能性があることが示されている。

フレッド・サンガー

フレデリック・サンガーは一九一八年、レンドクームというイギリス西部の小さな村に生まれた。父は医師であった。ケンブリッジ大学セント・ジョンズ・カレッジに入学し、医学ではなく生化学の勉強を選んだ。第二次世界大戦の際には、良心的兵役拒否をしてケンブリッジにとどまり、リシン代謝の学位論文を一九四三年にまとめた。一九四〇年、同じ平和主義の信念をもつケンブリッジ大学生ジョアン・ハウと結婚した。学位取得後、インスリンの研究に専念し、一九五一年、その配列決定に成功した。これがタンパク質のアミノ酸配列として最初に知られたものであり、これによって、タンパク質はアミノ酸がランダムに結合したものではなく、完全に定まった配列をもっていることが実証された。この成果に対して、一九五八年、ノーベル化学賞が与えられた。

この成功の後、彼は核酸配列の決定に取り組んだ。一九六四年、ホルミルメチオニンの転移RNAが細菌のタンパク質合成の開始に使われることを発見した。一九七五年、アラン・クールソンとともに、彼の名がつけられている新しいDNA配列決定法を開発した。これはジデオキシヌクレオチドを利用するもので、きわめてエレガントな方法である。その後三〇年間、サンガー法はDNA配列決定の標準的な方法であった。サンガーと共同研究者たちはこの方法を用いて、φXI74というファージの全ゲノム配列を決め、続いてヒトミトコンドリアDNA、ラムダファージなどの配列もつぎつぎと決めた。フレッド・サンガーは一九八〇年に二度目のノーベル化学賞を受けた。

彼はゲノム研究を専門に行うため、ケンブリッジ大学の近くにサンガーセンターを創設した。

〔サンガーは二〇一三年に亡くなった〕

3　RNA革命

一九六〇年代に定義された遺伝子の概念では、DNAが中心的な役割を担っており、RNAの役割は副次的なものであった。タンパク質合成を担う細胞装置の必須成分として、転移RNAとリボソームRNAがあるが、これらは転写されても翻訳されない遺伝子から合成されることが知られていた。また、DNAではなくRNAを遺伝物質として含むウィルスが存在することも知られていた。しかし人々は、これらのRNAはたんなる例外であり、一般的ルールとしては、DNAが遺伝情報の担い手であるべきだと考えていた。フランシス・クリックは**分子生物学のセントラルドグマ**を提唱し、それによれば、遺伝情報の流れは一方向で、DNAからRNA、RNAからタンパク質へと流れ、逆戻りすることはありえなかった（**四章―1**）。クリックの考えでは、**ドグマ**という言葉は証明できない命題の意味で使われており、数学で言う予想 conjecture〔真であると思われているが、未だに真であるか偽であるかが証明できない命題〕のようなものであった。しかしジェームズ・ワトソンやその後の多くの分子生物学者は、セントラルドグマを、触れてはいけない真理と解釈した。

一九七〇年、デイヴィッド・ボルティモアとハワード・テミンは独立に逆転写酵素を発見したが、これはウィルスのRNAからDNAを合成できる酵素である。これは**セントラルドグマ**の一つの点についての反証であり、ＲＮＡからＤＮＡへと情報が「遡る」ことができるとするものであった。やがて逆転写酵素がウィルスだけに限定された例外ではないことがわかった。実はこの酵素は真核生物において、直鎖状染色体の末端を複製するのに必要なテロメラーゼという必須酵素の成分でもあるのである。

小さな制御ＲＮＡ

一九九三年、ヴィクター・アンブロスと共同研究者たちは、線虫の発生に関わる変異の原因遺伝子として発見された *lin-4* が、ゲノムのコード領域に対応していないことを見いだした。この遺伝子に対応するＤＮＡは、実際にこのＤＮＡ断片を遺伝子導入する実験によって変異体の表現型をレスキュー〔遺伝学用語で、野生型遺伝子の導入によって、変異型の表現型を野生型に戻すこと。その遺伝子が壊れていることが変異の原因であることを証明するために行われる実験である〕できることによって確認されているが、どのフレームにもタンパク質コード配列を含んでいなかった。代わりに二二塩基からなる小さなＲＮＡがこの遺伝子の一部から転写されてできることを彼らは検出した。この小さなＲＮＡは別の遺伝子 *lin-14* のメッセンジャーＲＮＡの一部と相補的であり、この遺伝子に対して *lin-4* がリプレッサーとしてはたらくことになる。ほどなく類似の小さなＲＮＡが動物や植物からも数多く発見され、マイクロＲＮＡ（ｍｉＲＮＡ）と名づけられた。

一九九八年、アンドリュー・ファイアーとクレイグ・メローは、線虫において、二本鎖ＲＮＡ（互いに相補的なＲＮＡからできている）の注入によって、この配列と対応する遺伝子の発現が著しく低下することを発見した。この現象は、RNA干渉と呼ばれている。さらにRNA干渉は、線虫の場合、RNAが注入された細胞だけでなく**全身性に起こる現象**であり、体内で細胞から細胞へと伝達され、さらに子孫にも伝えられる。RNA干渉は生物学者にとって、遺伝子機能を改変したり分析したりする新たな手段となり、古典遺伝学の系がこれまでできていなかった生物にも応用できるようになった。

RNA干渉は、miRNAの作用機構を明らかにした。つまり二本鎖の長いRNAを注入すると、特定の酵素に結合し、その酵素によって約二〇塩基の長さの断片に切断される。すると、同じタイプの小さなRNAが細胞内に存在することになり、これはsiRNA（**短い干渉RNA**）となる。これらのRNAの片方の鎖が分解されるが、それは**パッセンジャー鎖**と呼ばれる。他方の鎖は**ガイド鎖**と呼ばれ、**アグロノート**（AGO）と呼ばれるタンパク質ファミリーの酵素に結合し、それと相補的なメッセンジャーRNAに結合する。するとターゲットとなったメッセンジャーRNAは、分解されたり、翻訳が阻害されたりする。どちらの場合も、ターゲット遺伝子の発現を干渉によって抑制する。別の可能性も知られており、これらの小さなRNAが核内で直接はたらいて、ターゲット遺伝子を転写するRNAポリメラーゼの活性を阻害したり抑制したりするとも言われている。

小さな制御RNAとして第三の種類であるpiRNAも発見された。この名称の由来は、これらのRNAが、PIWIと呼ばれるAGOの特定のファミリーに結合することである。piRNAもPIWIも、動物の生殖系列に特異的である。

これら三種類の小さな制御RNAの生合成と作用のしくみの詳細は、RNAのタイプと生物種によって異なるが、すべての真核生物で見いだされる。それらに共通しているのは、約二〇塩基対（二一

─三一塩基長）の二本鎖RNAということで、それらが必ずAGOファミリーのタンパク質を呼び込む。細菌やアーキアからもAGOタンパク質が見つかっているが、こうした原核生物に制御RNAが存在するとしても、その構造は同じではなく、作用も異なっている。

広汎な転写

すでに以前から高分子量の非コードRNAの存在は知られていて、たとえばショウジョウバエのホメオティック遺伝子群の中の*bithorax*複合体（BX-C）の例があった。しかしこれらに関してとくに関心を払う研究者はいなかった。二〇〇六年、エリック・スタインメッツと共同研究者たちは驚くべき結果を報告した。パン酵母では、RNAポリメラーゼが**遺伝子**（タンパク質に翻訳されるコード領域を含む転写単位という意味での遺伝子）に対応したプロモーター部位や、小さな制御RNA（この章ですでに述べた）に対応する配列だけでなく、**遺伝子間**領域や非転写DNA鎖（**アンチセンス鎖**）にも存在することがわかった。翌年から早速、さまざまな方法を用いて、これを確認する結果が得られはじめ、真核生物における転写は、これまで考えられていた以上に広汎に起きていることがわかった。パン酵母ではゲノムの八五パーセント、ヒトでは九三パーセント、マウスでは少なくとも六三パーセントが転写されている。植物でも、長い非コードRNAが知られている。

これら長い非コードRNAは核内で、スプライシング、5'キャップ構造の付加、3'ポリ（A）鎖の付加という、メッセンジャーRNAと同じ修飾（プロセシング）を受ける（**五章─1**）。現在までのところ、より完全な実験ができないため、これら非コードRNAのうちのごく少数のものについてしか、その詳しい機能がわかっていない。これらに共通するポイントは、典型的な**遺伝子**の転写における制御因子としてはたらくということで、たとえばアンチセンスRNAの場合、一般的なメッセンジャーRNAと対をつくることにより、二本鎖RNAを生成できる基質RNAをつくり出し、そこから干渉RNA（s・iRNA）という二本鎖RNAを産生する。これが、一般的なメッセンジャーRNAの合成をする転写において、プロモーターのところで一種の競合を引き起こすことにより、RNAポリメラーゼを直接的に阻害するのである。

この「RNA革命」はわれわれに何をもたらすのだろうか。

miRNA、siRNA、piRNAなどの小さな制御RNAに対応するDNA断片は、コード領域に劣らず「遺伝子」という名称に値する。それらは「正真正銘の」遺伝子として、伝達でき、表現型と結びつけられ、安定かつ変異可能である。これら制御RNAの存在により、DNAにおけるアナログ的で幾何学的、非デジタル的、非アルファベット的なコードの果たす役割が飛躍的に増大した。これら小さなRNAの機能は、二重鎖を作る能力に依存している。この二重鎖構造は、ワトソンとクリックによって定義されたやり方に基づくRNA塩基間の相補性によって形成される。ある種の小さなRNAでは、相補性が完全でなければならないが、別のものでは完全に相補的でなくてもよい。いずれにせよ、配列のルールは存在するが、それは塩基配列をアミノ酸配列に翻訳する遺伝暗号に従わせるものではない。

さらに、広汎な転写の存在は、遺伝情報においてDNAのもつ圧倒的な立場を後退させてしまう。タンパク質をコードする配列領域としての**遺伝子**の活性制御では、DNAそれ自身と少なくとも同程度に、RNAにも依存していることが明らかである。単独の細胞でも、多細胞生物の一部分をなす細胞でも、環境との相互作用をしている生命にとって、コードするシグナルからつくられたタンパク質そのものと同様に、遺伝子活性の制御は重要である。

ヴィクター・アンブロス

ヴィクター・アンブロスは一九五三年、戦後にアメリカに移住してきたポーランド移民の家庭に生まれた。彼はボストンにあるマサチューセッツ工科大学（ＭＩＴ）で研究し、ノーベル賞学者ディヴィッド・ボルティモアの指導のもとで博士号を取得した。ポスドク研究はロバート・ホーヴィッツの研究室で行い、線虫の遺伝学をはじめた。一九九二年、ボストンを後にして、ニューハンプシャーにあるダートマス・カレッジに勤務した。一九九三年、妻のロザリンド・リーや当時ポスドクで滞在していたロンダ・フェインボームとともに、線虫の発生に関わる *lin-4* 遺伝子の産物がタンパク質ではなくＲＮＡであることを発見した。これが制御マイクロＲＮＡ（ｍｉＲＮＡ）の最初の報告だった。

この発見に続いて、線虫の *let-7* というｍｉＲＮＡが見つかり、さらに多くの動植物でもｍｉＲＮＡが発見された。

二〇〇六年にクレイグ・メローとアンドリュー・ファイアーがＲＮＡ干渉の発見でノーベル賞を受賞した。ＲＮＡ干渉とｍｉＲＮＡはよく似たしくみではたらくものであったが、ｍｉＲＮＡを発見したヴィクター・アンブロスは残念ながら受賞することはできなかった。

ヴィクター・アンブロスは現在、マサチューセッツ大学の教授である。

4　エピジェネティクス

エピジェネシス（後成）*épigenèse* は、血液循環の発見者である有名な生理学者ウィリアム・ハーヴェーによって、十七世紀に作られた言葉である。その意味は、彼によると、雌の体内で既存のものの介在なしに胚が新規に形成されることを指し、これは**前成** *préformation* 説に対比されるものであった（**一章―1**）。前成説と後成説との論争が解消したのは、両親のたねによって伝えられるものが形（形質、表現型）ではなく、メッセージ（因子、遺伝子、遺伝子型）であることが、遺伝学によって示されてからである。

二十世紀中頃、発生学の教育を受けた遺伝学者コンラッド・ウォディントンは、発生過程で多細胞生物のそれぞれの細胞が受ける制約を表すために、**エピジェネティック・ランドスケープ**（**地形**）という考えを導入した。エピジェネティック・ランドスケープは、一つの卵細胞から細胞分裂が繰り返されるにつれて異なる分化の道をたどってゆく細胞の運命を表現したものである。ひとたびある道に入ってしまうと、細胞は決定され、もういちど別の道に進むためには高い障壁を越えなければならない。このモデルは発生過程の安定性、つまり一つの胚が通常、環境やゲノムが多様であるにもかかわらず、どのようにして同種の生物の一員である個体になるのかを説明している。ウォディントンが、発生過程で個体が次第に形成されてくるという意味でのエピジェネシス〔後成〕という概念を、十八世紀とは異なる文脈で復活させたことがわかる。ウォディントンにとって、エピジェネティック・ランドスケープは、文字どおり遺伝子と遺伝的相互作用によって下支えされていた。

染色体の中のDNA——クロマチン

真核生物ではDNAは裸ではなく、タンパク質とともに染色体をつくっており、染色体中のDNAとタンパク質の複合体は、**クロマチン**と呼ばれている。つまりDNA分子は堅いものではなくしなやかで、核内では糸巻きにまかれた糸のようにぐるぐる巻きになっている。この糸巻き部分はヒストンという特別なタンパク質でできている。ヒストンとDNAでできた糸巻きを**ヌクレオソーム**と呼ぶ。ヌクレオソーム自体も、何度も折り畳まれ詰め込まれて、染色体を形づくっている。この凝縮compactionの例として、ヒトゲノムの長さを考えてみる。まっすぐな軸のまわりでDNAが、ワトソンとクリックが提唱したような二重らせん構造をつくっているとすると、それぞれの染色体DNAの長さは数十センチメートルになり、一〇ないし一〇〇マイクロメートルの直径しかない細胞核には入りきらない〔ヒトの一倍体ゲノムの全長は約一メートルと計算される〕。DNAもクロマチンもしなやかである。クロマチンの凝縮状態は細胞周期によって変化する。最も固く凝縮されるのが細胞分裂〔有糸分裂でも減数分裂でも〕のときで、そのときには染色体が顕微鏡で見えるようになる。それ以外の時期では、クロマチン構造はゆるんでいて、転写活性が高くなる。

細菌にはヒストンがないため、DNAはまわりから近づきやすくなっていて、遺伝子活性は、ジャコブとモノーが想像したように、プロモーターやオペレーターといったシスにはたらく配列の部位で、RNAポリメラーゼや転写因子との直接の相互作用によって制御されている。〔このイメージはやや不正確であり、原核生物でも多くのDNA結合タンパク質によって染色体DNAが折り畳まれ、核様体構造をつくっていることが六章で述べられている〕

真核生物の場合、遺伝子活性の制御のためには、クロマチンがゆるんで、DNAとRNAポリメラーゼや転写因子が直接結合できるようになる必要がある。クロマチン構造には「オープン」状態と「クローズ」状態があり、この状態が組織や発生段階によって変化する。DNAに書き込まれたメッセージと転写との間にも、別の制御が介在する。古典的な遺伝子制御である転写制御の「上位に」あるこの制御は、**エピジェネティック**な制御と呼ばれる。遺伝子機能の発現におけるクロマチン構造の重要性は、すでに一九四〇年代から知られていて、たとえば、位置効果による斑入り現象などがある。異端の遺伝学者リヒャルト・ゴルトシュミットはこれに注目し、遺伝学的な単位となるのは、モーガンが定義した遺伝子ではなく、染色体であるとまで考えた（**三章―2**）。しかし遺伝学者がこの現象を理解するようになるのは、一九八〇年代以降のことである。

クロマチン構造の制御はおもに、ヒストンの翻訳後に修飾によって行われる。真核生物のヒストンの末端部には、ヌクレオソームという糸巻き構造の「外に飛び出した」部分がある。この伸びた部分（ヒストンの「しっぽ」）には、約二〇個程度のアミノ酸残基があり、それぞれのアミノ酸側鎖には、メチル化、リン酸化など、さまざまな修飾が起きる。いまでは、特定のヒストンの特定のアミノ酸残基の詳しい修飾の状態を調べると、プロモーターに結合するか否か、「待機」状態にあるか、転写を

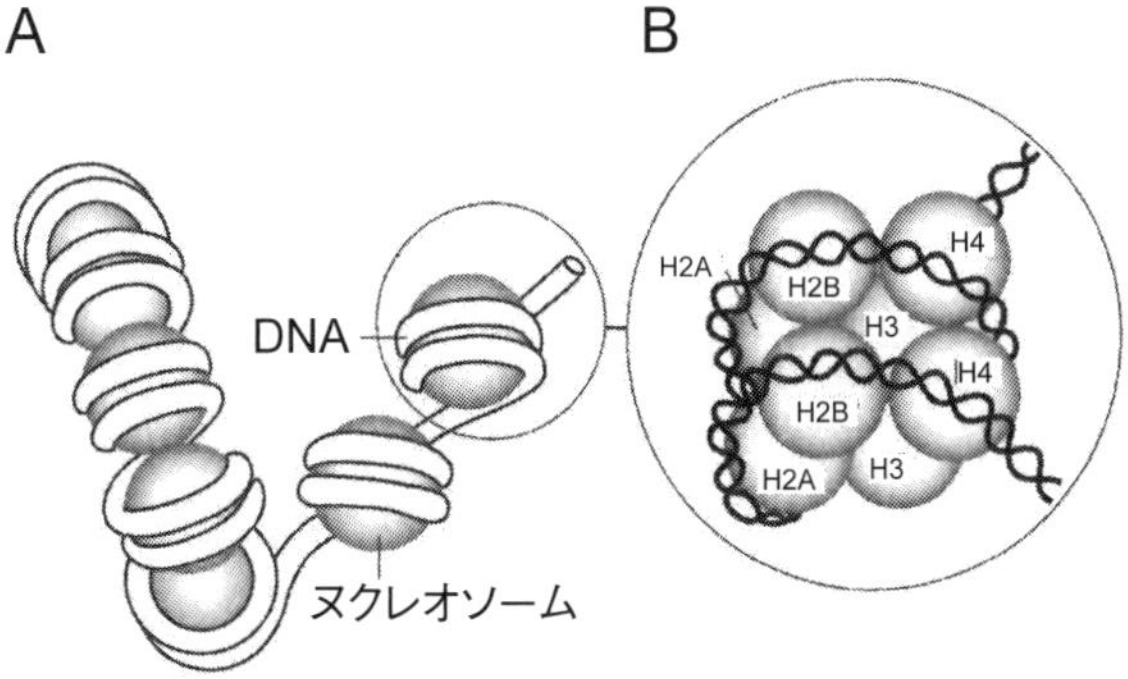

図 13　真核生物のクロマチン構造
ここでは複数のヌクレオソームを示しており，染色体中でクロマチンがどのようにパッキングされるのかを説明している．
　1 個のヌクレオソームの拡大図．ヒストン H2A，H2B，H3，H4 それぞれ二分子ずつからなるヒストン八量体のまわりに DNA が巻きついている．もう一つのヒストンである H1（図には示していない）は，二つの DNA 糸巻きの間にまたがって存在し，ヌクレオソームを「閉じて」いる．

開始してRNA鎖を伸長するかなど、RNAポリメラーゼの機能との関係がわかる。このようにして、いまや「ヒストンコード」という言葉も生まれた。これはヒストンタンパク質の修飾の状態と、転写活性や転写抑制、あるいは転写一時停止などを関係づけるものである。こうした修飾の他に、四種類ある一般的なヒストンの変種をコードする遺伝子もゲノム中にあり、こうした変わったヒストンがあることで、ヌクレオソームのとりうる状態の数は非常に多くなる。

付け加えるならば、ヒストンではない別のタンパク質もクロマチンに結合し、構造形成に関わっている。これらのタンパク質には、機能により主に二通りがある。はじめショウジョウバエで発見されたが、のちにすべての真核生物でも見つかったポリコーム（Pc-G）とトリソラックス（trx-G）である。機能としては、前者は転写を抑制し、後者は転写を活性化する。ある種のタンパク質複合体はヌクレオソーム構造をほどくことができ、それをクロマチンリモデリング複合体と呼ぶ。別の複合体は転写装置つまりRNAポリメラーゼやそれに付随するタンパク質と直接に結合する。

エピジェネティックな伝達

クロマチン構造の状態が「オープン」であるか「クローズ」であるかによって、そこにある遺伝子の発現に対して、それぞれ転写の許容と抑制が決まる。注目すべきは、この状態が有糸分裂（まれには減数分裂も）の過程を経て、細胞の世代間で伝達可能なことである。これを**エピジェネティックな伝達**と呼び、エピジェネティックという言葉には新たな意味が付与されたことになる。つまりエピジェネティクスは、有糸分裂および／または減数分裂を通じた、**DNA配列の変化を伴わない情報伝達**

である。この伝達により、さまざまな形質（表現型）の変化が表れる。エピジェネティクスはこうした伝達を研究する新たな学問分野である。

私の考えでは、このような今日的なエピジェネティクスは遺伝学の立派な一分野である。

エピジェネティクスのしくみ

すでに見たように、エピジェネティクスの一つのしくみとして、クロマチンが特定のコンフォメーション（立体配座）をとることが知られており、それには特定の組成をもったヒストンの修飾や、クロマチンが非ヒストンタンパク質を含むことなどの理由がある。研究の結果、さらに別のしくみがあることがわかった。それはDNA自体のメチル化である。すなわちDNA塩基のうちでシトシンには、複製後にメチル基が結合する（メチル化される）ことがある。このようにメチル化されたシトシンは、DNA配列の中で特定の決まった部位に検出される。DNA複製の過程で新しく合成されたDNA鎖は、当然のことながらメチル化されていない。古いDNA鎖ではメチル化されていて新しいDNA鎖ではメチル化されていない部位をへミ（半）メチル化部位と呼ぶが、特別な酵素がこれを認識して、メチル化の正しいパターン〔両方のDNA鎖をメチル化すること〕を確立しなおすことができる。つまりこれはDNA配列の変化を伴わないシグナルの伝達ということになる。一般的に言って、こうしたDNA上の目印は減数分裂の際に消去されるが、いつも完全にというわけでもない。ある遺伝子がメチル化されているか否か、とくにそのプロモーターがメチル化されているか否かが、潜在的には、その遺伝子が転写されるか否か、つまり表現型の変化と関連している。DNAのメチル化という印によって生み出されるシグナルは、メチル化部位を含む遺伝子の活性変化、すなわち表現型の変化に翻訳される。DNAがメチル化されるのは酵素学的な事象で、DNAメチルトランスフェラーゼがメチル基を付加する。別の酵素がメチル基を取り除くが、この過程もさまざまに調節されうる。DNAメチル化は変異とは別であり、DNAの塩基配列そのものは変化していないが、それでも遺伝子の活性制御に関わるシグナルは伝達されうる。これもエピジェネティックな伝達の一種である。〔DNAの塩基がメチル化されたものは、別の塩基とは見なさないで、もとの塩基が修飾されたものと見なすのが、分子生物学の一般的な考え方である。このため、塩基配列は変わらないという表現になっている〕

現在では、ヒストンの修飾とDNAのメチル化との間にも関係があることがわかっている。特定の部位のDNAメチル化と、ヒストンH3の「しっぽ」の特定の部位の修飾が厳密に対応していて、DNAのメチル化がないこととヒストンH3の別の修飾とが関連している。同様に、クロマチン構造と、制御因子である小さな非コードRNA（**五章—3**）の活性との間にも相関がある。

エピジェネティックな伝達の例

エピジェネティックな伝達について、おそらくまだ数多くの例がこれから発見されるであろうが、この本は、今日までに知られている例について網羅的なカタログを示したり、これらの現象を支配しているしくみについて詳しく記載したりする場ではない。

エピジェネティックな伝達の最も有名な例は、ホソバウンラン *Linaria vulgaris* の花の形態である。野生型では花弁の形が全部同じではなく、そのうちの一枚が舌状になっていて、近縁のキンギョソウ

Antirrhinum のような花になっている。このような花の形態を、**左右相称** *zygomorphe* と呼ぶ。十八世紀のスウェーデンの偉大な植物学者リンネは、チューリップのように全部の花弁の形態が同一であるホソバウンランについて記述している。このタイプの花の形態を**放射相称** *actinomorphe* と呼ぶ。彼は非常に驚き、これが同一の種であると考えてよいのか迷い、ペロリア *pélorique*（正化はギリシア語の pelor による）と呼んで、それがとくに変わった奇妙なものであることを示した。すでに述べたように、ダーウィンは、キンギョソウの通常花とペロリアを交雑した（**一章—2**）。一九九九年、エンリコ・コーエンと共同研究者たちはホソバウンランのペロリア変異体を研究し、この植物では *CYCLOIDEA* という遺伝子DNAが著しくメチル化されていることを示した。ペロリア植物の花芽分裂組織（メリステム）では、野生型で検出される *CYCLOIDEA* 転写産物がまったく検出されなかった。しかしこの遺伝子のDNAの配列は両者でまったく同じだった。ペロリアという形態も、この遺伝子の転写産物が存在しないことも、DNAメチル化だけに関係していた。ペロリア形態を**エピ変異** *épimutation* と呼んでいる。

マウスでは、フランソワ・キュザンの研究グループが次のような発見をした。*Kit* という遺伝子が関わるさまざまな現象のうちには体色変異がある。ホモ接合体の変異マウスは生存できないが、野生型対立遺伝子と変異対立遺伝子を一つずつもつヘテロ接合体は生存でき、足と尾の先が白くなった〔全身の毛色が黒色のマウスを使っている〕。奇妙なことに、この表現型はメンデルの法則に従わない。ヘテロ接合体の雌雄を交雑したり、ヘテロ接合体と野生型固体を交雑したりした場合、子孫の大部分は足と尾の先が白い表現型を示した。あたかも変異対立遺伝子が野生型対立遺伝子に侵入したかのようである。この現象は**パラ変異** *paramutation*（疑似変異）と呼ばれる。この場合、パラ変異には、配偶子において、タンパク質をコードしない小さな制御ＲＮＡが関与している（**五章—3**）。

ロジャー・コーンバーグ

ロジャー・コーンバーグは一九四七年にミズーリ州セントルイスで生まれた。彼は、大腸菌から最初にDNAポリメラーゼを単離して性質を調べた研究で一九五九年にノーベル賞を受賞したアーサー・コーンバーグの息子である。彼は化学をまずボストンのハーバード大学で学び、次にカリフォルニアのスタンフォード大学で学んだ。

タンパク質の結晶解析を修得するため、一九七二年にケンブリッジ大学のアーロン・クルークのもとでポスドク研究を行った。その研究室で、ヒストンに関心を持った。一九七四年、ヒストンが八量体を形成し、それにDNAが巻きついていることを示した。

彼は一九七六年にアメリカに戻り、まずハーバード大学に勤め、一九七八年にスタンフォード大学の構造生物学教授となった。クロマチン機能の研究で出会ったヤーリ・ローチと結婚した。二人はクロマチン構造と転写との関係を、パン酵母を使って研究した。

一九九〇年、彼はメディエーターを発見した。これはRNAポリメラーゼと転写因子の間に介在するタンパク質複合体である。二〇〇一年、RNAポリメラーゼの構造を発表した。

二〇〇六年、「真核生物における転写の分子メカニズムの研究」でノーベル化学賞を受賞した。

第六章　あらためて遺伝子と遺伝情報を考える

「DNAは遺伝の担い手」。一九六〇年代に教育を受けた遺伝学者であるわれわれは、このような表現を繰り返し学生たちに伝えてきた。現在、それを批判的な目で見直すときにきている。

まず、すでに説明したように、遺伝現象を社会的な領域から生物学的な領域に移したのは、モーペルチュイであった（**一章—1**）。このため、今では**遺伝**というと、ほぼ生物学的なものだけを考えるようになっている。しかし、遺伝がすべて生物学的なものであるわけではない。多くの「形質」が世代から世代へと伝達されるが、それは生物学的にも文化的にも行われる。とくにエティエンヌ・ダンシャンが力説したように、この文化的あるいは社会的な遺伝は、人類では非常に発達しているが、人類に特有というものでもない。さまざまな動物や、植物においてすら、その例を見ることができる。これはおそらく生物の進化において重要なパラメータだったと思われる。遺伝学は、少なくとも直接的には、この文化的な遺伝とは無関係である。遺伝学は遺伝現象のごく一部に関心があり、それを私は生物学的な遺伝と呼ぶ。そこでは、伝達されるものも、伝達の様式も、ともに生物学的なのである。

二十世紀中頃から、遺伝子は分子レベルで考えなければならなくなった。この考え方において、遺伝子は、**コードする**DNA、つまり、転写され、遺伝暗号に従ってタンパク質に翻訳されるDNAでなければならなくなった（**四章—1**）。この概念はすぐに拡張され、転写されても翻訳されない**遺伝子**、つまりタンパク質合成に関わるRNAであるrRNAやtRNAの遺伝子を含むようになった。**このような分子レベルでの遺伝子概念は、現在では時代遅れである。**

イントロンの存在や、複数の転写開始点を指定するプロモーターの存在が明らかになると、転写や翻訳の単位と考えられるDNA領域の境界がファジーになってきた（**五章─1**）。それでも生物のDNA全体の配列解析をしているゲノム科学者たちは、なんとかつじつまを合わせようとしている。

デジタルコード、アナログコード、エピジェネティックなコード

もっと大切なことがある。それは、遺伝暗号がデジタルコードだということである。情報がデジタル的にコードされているという考えは、分子生物学の創始者たちの頭の中にすでにあって、おそらくそれ以前にシュレーディンガーが遺伝子を**非周期的結晶**と言ったときにまで遡る。フランシス・クリックはDNAとタンパク質との関係の問題を解くために、このようなコードを見つけることにこだわった。それ以前にガモフがDNAとアミノ酸との対応関係を立体化学的なもの、つまりアナログ的なものと考えたのとは、正反対の考えであった。しかしDNAとタンパク質に書き込まれたメッセージが、アルファベットのような対応関係にあるという考えは大成功であった。たった数年のうちに、遺伝暗号（遺伝コード）が解明され、クリックの考えたとおりになった（**四章─1**）。遺伝暗号のもつ形式的な美しさと単純性は、一九六〇年代から現在に至る分子生物学の成功のかけがえのない立役者であった。

ところがDNAに書かれたシグナルには、デジタル的なものばかりでなく、アナログ的なものもあ

ることはすでに説明した。これらのシグナルはＤＮＡに書き込まれているが、翻訳されない。その場合、重要なのはＤＮＡ分子がとりうる形（一過的な形かもしれないが）である。こうしたシグナルは、構造的・幾何学的なもの、つまりアナログ的なものである。制御配列のＤＮＡが、ある特定の幾何学的形態、とくにへアピン構造をとるという考えは、クリックがすでに一九七七年以来提唱している。ＤＮＡがこのような形態をとれるのは当然、局所的な塩基配列に依存しているが、こうした配列は遺伝暗号に対応するものではなかった。翻訳されないシグナルが存在するという最初のヒントは、オペロンモデル（**四章—2**）から生まれた。ジャコブとモノーは、転写され翻訳される**構造遺伝子**とそうではない**制御遺伝子**の区別をうち立てた。後者にはオペレーターやプロモーターがある。これらは転写、翻訳されないが、それぞれ転写因子やＲＮＡポリメラーゼによって認識される。その後、翻訳されうるＤＮＡ配列を含む**遺伝子**と、転写・翻訳されず、遺伝子の発現調節をする**シス配列**とを区別するようになった。しかしシス配列といっても、狭い意味での遺伝子と多くの共通点がある。ＤＮＡに書き込まれていて、安定であるとともに変異可能で、その変異が特定の表現型をひき起こすからである。ゲノム解析の結果によると、シス配列の全長はコード領域の全長よりも長い。これは多細胞生物だけでなく、単細胞真核生物や細菌・アーキアにも当てはまる。ジャック・モノーですら一時期は逆に考えていたようだが、遺伝子発現制御は現実に、遺伝子のタンパク質への翻訳と同じくらい生物にとって重要である。だいたい、制御や環境との相互作用なしに生物が生きていけるとは考えられない。ここから得られる結論は、遺伝子発現制御において、アナログ的なシグナルが、デジタル的な遺伝暗号と少なくとも同程度に古い起源をもつだろうということである。

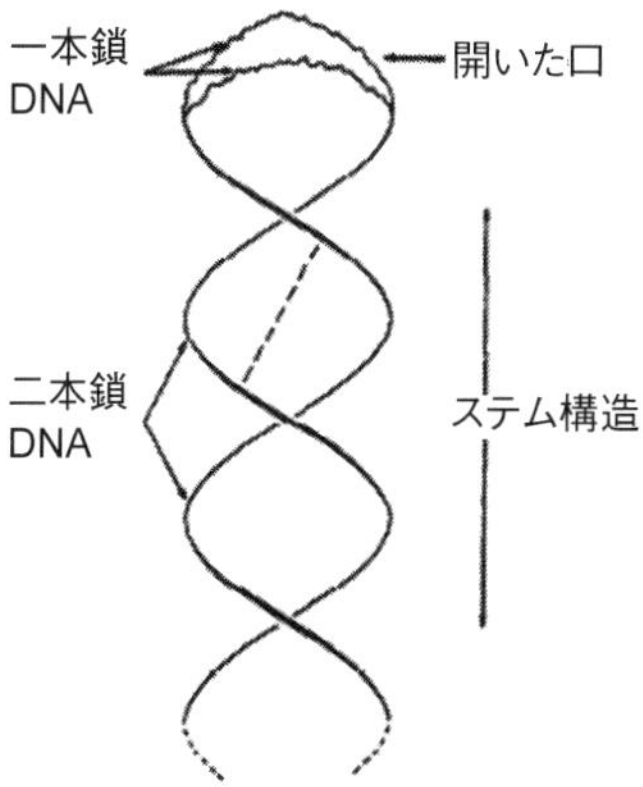

図 14　DNA が持つアナログ的なシグナル

非コード領域のシス配列などの DNA がとりうる構造の一例を示す.

〔二重らせん構造の DNA の一部が脇に飛び出して，二重らせんどうしでらせんをつくり，末端では一本鎖の口を開いている状態で，その部分にタンパク質や RNA などの因子が結合すると想定されている．現在，これに限らず，さまざまな DNA の高次構造が知られている〕

F.H.C. Crick (1971) General model for the chromosomes of higher organisms. *Nature* vol. 234, p. 25–27 による.

ｓｉＲＮＡによる制御が発見されると、アナログ的、すなわち幾何学的なシグナルがいっそう重要になった。こうしたＲＮＡは、それに対応するＤＮＡの配列によって支配されているが、この配列は遺伝暗号とは無関係である。むしろ、これらのＲＮＡがとるヘアピン形などの構造が重要とされていて、それはまさしく形態の問題である。同様に、これらのＲＮＡの機能は、ターゲットとなる遺伝子との配列相補性に依存している。これまたデジタル的ではなく、アナログ的な問題である。このことは、制御機能が判明している大きな非コードＲＮＡについても言える。これらのＲＮＡのターゲットとなるＤＮＡ部分は、上に述べたシス配列と同様、**遺伝子**としての性質を備えている。安定であるとともに変異可能で、その変異が特定の表現型を引き起こす。そもそもこれらはれっきとした遺伝子として単離されたのであった（**五章—3**）。

さらに別の種類のものとして、現代的な意味での**エピジェネティックな**シグナルの伝達が存在することにも疑いがない。これはDNA配列の中に直接的には書き込まれていないものの、ある生物学的な形質に対応している遺伝的なシグナルである（**五章―4**）。このシグナルの性質や、それがどのように書き込まれていて、どのように伝達されるのかというしくみなどは、現在のところまだ、DNAに書き込まれたシグナルに比べてよくわかっていない。それでも、直接的にせよ間接的にせよ、クロマチンの上に結合するタンパク質やその並び方の問題に収束しつつある。エピジェネティックなシグナルを、遺伝学的なシグナルの一部と見なすべきだと私は考える。DNA配列として書き込まれたシグナルと同様、これも生物学的な仕方で伝達され、最終的に表現型として表れるからである。ホソバウンランの花で見られるエピ変異 *épimutation* と呼ばれる現象がよい例である。この場合、近縁種の対応する遺伝子（キンギョソウの *CYCLOIDEA* 遺伝子）の変異によって引き起こされるものとよく似た表現型が、DNAのメチル化によって表れ、子孫に伝達される。エピジェネティックなシグナルが、DNA配列に書き込まれたシグナルに比べて安定性に欠けるという可能性はある。それもまだこれから確認しなければならないことであるが、この点を除けば、**エピジェネティックな**シグナルは遺伝学的なシグナルと同じ性質を持っていて、遺伝学の範囲から除外する理由はない。

遺伝子概念を捨てるべきか――形態と情報

以上のような理由を考えると、DNAのコード領域だけに限定された遺伝子の分子レベルでの定義は、選択的スプライシングや複数転写開始点などを考慮して範囲を拡げたとしても、すでに古くさいものになっている。転写され、タンパク質へと翻訳されるDNA領域が数多くある以上、遺伝子の分子レベルの定義自体が誤りなのではなく、不十分なのである。すなわち、もともと古典遺伝学で遺伝子という言葉に期待されていた構造的・機能的な性質を満たすものではないからである。ハーバード大学教授のウィリアム・ジェルバートは一九九八年に次のように述べた。

いまや私たちは、遺伝子という言葉の用法が限定され、ゲノムの理解にとってブレーキとなってしまうようなところまで到達しているのかもしれない。専門の遺伝学者にとってはとくに大問題に思われるかもしれないが、じつはこのことは、染色体が物理的実体であるのとは異なり、遺伝子は概念でしかなく、それも歴史的重荷を引きずったものであることを反映しているのである。

ではいま、賞味期限を過ぎた遺伝子概念を捨ててしまうべきなのだろうか。それもよかろう。科学的な概念はみな人間がつくり出したものなのだから、未来永劫、絶対的真実というものでもない。実際、物理学におけるエーテル〔エーテルは化学物質のエーテルではなく、十九世紀までの物理学において、光や電磁波が伝搬することの説明として、真空中にも充満していると想定された物質をさす。特殊相対性理論により、その存在が最終的に否定された〕や化学におけるフロギストン〔ドイツの化学者シュタールは、ものが燃えるときに、物質に含まれていたフロギストンがでていくと考え、十八世紀には広く信じられた。のちにラヴォアジェが、精密な質量測定により、金属が燃えると重くなり、それは酸素が結合するためであることを明らかにした〕のように、当時の識者からは支持されたものの、最終的に科学から消えてしまったものもある。一方で、すでに見たように、遺伝子という概念は、それが誕生したとき以来、意味の変遷があった。モーガンは、遺伝子を遺伝現象の分割できない**原子**、つまり染色体上の点と考えたが（**四章—1**）、深刻な問題に直面した（**三章—2**）。その後、分子レベルの遺伝子概念に変わり、現在では、また問題が生じている。では遺伝子という言葉などまったく使わなければよいのだろうか。

しかし私の意見は逆で、遺伝子概念を維持するべきだと思う。そうでなければ、表現型が遺伝するというメンデル以前に戻ってしまう。そんなことでは、生物学において何も説明できなくなる。これまで遺伝子概念の歴史をたどってみてわかることは、「形質」*Merkmal* と「因子」*Faktor* とを区別するという点で、メンデルは決定的なブレイクスルーを成し遂げた。これらはヨハンセンによって表現型と遺伝子型という区別になり、現代では**形態**と**情報**になった。

ジャン＝ジャック・キュピエクは最近、形態と情報との区別を捨てて、二十世紀初頭の遺伝学誕生期を前成説の再来ととらえた人々と同じ考えに至った。しかしこの二つの区別は本質的である。情報は形態そのものではない。細胞から細胞へ、ある世代から次世代へと伝達されるのは、おもてに表れる表現型としての形態そのものではなく、遺伝情報としての遺伝子型なのである（情報概念についてはのちに触れる）。ビュフォンの**内的鋳型** *moule intérieur* がそもそも単一のものかもわからないが、それが形質の遺伝の問題を解決しようとする最初の試みであったとフランソワ・ジャコブが強調していたことは正しかった。

遺伝情報、**遺伝暗号**、**遺伝的プログラム**などの言葉が生物学に導入されたのが、情報科学やサイバネティクスの黎明期における物理学者の影響力があったのは否定できない。エヴリン・フォックス・ケラーは、こうした比喩を生物学で使うのを批判している。しかし、比喩を文字どおり受け取って、地図と領土を混同しなければ、比喩も役に立つであろうし、そもそも比喩を使わないわけにいかない。人間はつねに、自分のまわりの世界を解釈しようとして、一瞬であっても自分に理解できるような表象をつくりあげようとしてきた。この表象はつまり、この世界や自分と似た人々との関係をつくり上げることのできるものなのである。近代科学は、なんども繰り返されてきたこうした試みが最近示している一つの姿 avatar に過ぎない。科学の営みは現実に対する表象をつくり上げようとすることしかできない。宗教など他の営みとの違いは、つくり出したものを絶対の真実と考えないことである。

今私たちに課せられているのは、遺伝情報の運び手としての遺伝子が、少なくともわれわれの時代の間は、永続的な表象なのかということである。そのために、情報という概念について考える、あるいは考え直すことにしよう。

情報とシグナル

遺伝情報という考え方は物理学者の影響下で生物学にも入ってきたが、クロード・シャノンの**情報理論**が生物学には適用できないことを最初に述べたのは、アンドレ・ルヴォフだった。彼は一九六二年に述べている。

> 情報量がメッセージの価値とは関係がないことは物理学者も知っている。アインシュタインの定理によれば、でたらめに集めた文字列は、文字の個数が同じなら、どれも同じ情報を含んでいる。同じことは遺伝情報にもあてはまる。どんな遺伝子も、もしも塩基数が等しければ同じ情報を含

んでいて、つまり同じだけの負のエントロピーを含んでいると物理学者は言う。しかし生物学者の知るところによれば、それぞれの遺伝子はそれぞれ別のタンパク質の合成を支配していて、こうした文字の集合とは違っている。生物学者が情報と言うとき、それはある酵素の合成を指している。その場合、遺伝情報という生物学の概念には（情報理論のもとになった）確率概念はなく、それぞれの場合にあった価値という質的な意味が含まれている。

ふつう**情報理論**と呼ばれているものを、シャノンはもともと**通信の理論**と呼んでいた。彼にとって重要だったのは、情報の意味的内容ではなく、量的なもので、通信の過程で失われる可能性のある情報量だった。これに対し、生物学者にとっては、遺伝情報の意味こそが一番重要である。もちろん通信も完全には無視できない。コード領域に関してだけでも、複製・転写・翻訳の過程でのエラーなど、情報伝達の正確さは重要である。もしも遺伝的メッセージが、まったくエラーなしに伝達されたとすると、進化（つまり、それは生命そのものでもある）は不可能であろう。しかしこれは今の問題とは別の話である。

ここで重要なのは情報の意味（意味内容）であることを考えると、**メッセージ**と**情報**という言葉を区別するのが大切である。シャノンの理論において問題とされたのはシグナルで、シグナルの並んだ全体がメッセージである。ところがメッセージは、受容体（受信者）によって受け取られて解釈されたときにはじめて情報となる。シャノンはこの問題を回避するために、送信者と受信者が同じコード系を使っているという仮定をおいた。シャノンの理論が、情報の理論ではなくメッセージの理論だということは明らかであり、もっと言えば、メッセージの伝達の理論である。生物学において、メッセージ自体でなく情報を考えるならば、メッセージを受容して解釈するという問題が生じる。タンパク質をコードするメッセージは、転写によってRNAになり、（少なくとも）真核生物においては、プロセシングによって成熟したメッセンジャーRNAとなる。次の翻訳の段階はタンパク質、RNA、あるいはタンパク質とRNAの複合体などが関与する複雑な装置によって行われる。この段階でメッセージは解釈されて、**情報**となる。そういう意味で、DNAを遺伝情報の運び手とみなすことはできない。DNAが保持するメッセージが情報になるのは、それを解釈するためのパーツ éléments を細胞が持っているからである。このことは、シス配列や制御RNAがもつアナログ的な情報についても同様である。その場合でも、DNAが保持するメッセージは、転写因子、RNAポリメラーゼ、メッセンジャーRNAそのものなど、細胞のさまざまなパーツによって解釈されてはじめて情報となる。場合によっては、シグナルはそれが解釈されたときに初めて生ずると考えることもできるだろう。言い換えれば、DNAがもつシグナルは情報ではなく、潜在的なシグナルでしかない。**エピジェネティックな**シグナルについても、まだ具体的なシグナルの実体やその解釈のしくみがよくわかっていないものの、同様の推論ができる。

シグナルの発信者と受信者

オペロンのシス配列としてオペレーターとプロモーターを考えたジャコブとモノーは、これらの「遺伝子」に二つの新たな性質を与えた。第一の性質は、非コード領域にもシグナルがありうるということ、第二の性質は、トランス因子なども含め他の遺伝子と異なるシス配列のはたらきである。トランス因子がトランスに作用する〔同じDNAの近傍ではなく、別のDNA分子上にコードされていても、効果が見られる〕ことは、その遺伝子「産物」が拡散性の物質であるためと解釈された。この物質は、タンパク質でもよいし、また、非コードRNAでもよい。トランスにはたらくシグナルは、細胞内を拡散によって伝達される。シスにはたらくシグナルは、伝達されるシグナルとは別である。それがDNAの上に存在するのは、拡散性の分子によって伝えられるシグナルを受け取ることに対応する。このため、逆説的だが、受容する側にもシグナルがあることになる。遺伝子シグナルの受容においては、細胞の多くの成分が関与し、なかでもDNA自体が関わっている。

誰がメッセージを書き込んだのか

今見てきたように、遺伝的メッセージを「読む」のは細胞全体や生物体全体で、これがシグナルの全体を解釈して、生物学的な機能に変換する。情報という比喩におけるDNAは、初期のコンピュータで使われた磁気テープ、つまりチューリングマシン理論で使われるメッセージを書き込んだ帯状のプログラムを便利にしたものに対応すると考えられている。チューリングマシンやあらゆるコンピュータでは、記号の羅列の形で、人間がメッセージを書き込む。遺伝情報はどこから来るのだろうか。読み方を知っている誰かが意図的に書き込んだものではない。それは、進化の過程で、試行錯誤によってつくられた何億何兆ものメッセージから、ごく一部だけが現在の生物多様性の形で今に伝えられたものである。最初の細胞以来、メッセージは保存され、「読む」ことができるという制約条件のもとで絶え間なく進化してきた。「読む」というのは生物学的機能に翻訳することができる、すなわち生きることを可能にするということである。つまり遺伝的メッセージを「書いた」のは、（自然）選択であった。いま書かれてあるメッセージは、その解釈との相互作用の結果である。生命の起原以来、メッセージを書くことと読むこととの間では、相互作用のフィードバックがはたらき、その結果が進化となった。

生物は偶然と選択との産物である。生物が情報機械だとしても、それは偶然的なチューリングマシンであって、読むときも書くときも気まぐれにはたらく。この意味で、生物はコンピュータとは根本的に異なる。

遺伝子概念の拡張

情報理論の創始者たちにとって、メッセージは記号で表されたシグナルを直線的に並べたものだった。この考え方が、ＤＮＡのヌクレオチド配列からタンパク質のアミノ酸配列への翻訳を可能にする辞書である**遺伝暗号**の発見に果たした影響と重要性については、すでに見てきた（**四章─1**）。現在使われている分子レベルでの遺伝子概念は、コード領域のＤＮＡに限定されていて、不十分であることも見てきた。コード領域以外にも、クロマチンには多くのシグナルが含まれているからである（**五章全体**）。

ＤＮＡ配列の中には、デジタル的でなくアナログ的なシグナルもある。こうしたアナログ的なシグナルが含まれるのは、ＤＮＡのかなりの部分に相当し、進化的にも、また現在の生物における機能的な面でもきわめて重要である。しかもメッセージのすべてがDNAに書き込まれているわけでもない。真核生物では**エピジェネティクス**という遺伝様式があって、クロマチン構造、つまりクロマチン構成タンパク質がDNAに結合する仕方が、メッセージとして伝達されている。

情報とメッセージとを区別したうえで、生物の形態とは別に遺伝情報があるという考え方を保持することは大切である。**情報は細胞が読んで解釈したメッセージであるが、多細胞生物の場合には発生過程にある生物全体がメッセージの解釈をする。**

生物学的なメッセージに関しては、すこし拡げて考えることにしよう。生物学的なメッセージは、記号の羅列ではない。メッセージは全体として考えるべきで、その場合、構造は直線的でなくてもよく、シグナルが記号的〔デジタル的と同じ〕であってもなくてもよい。こうして、拡張遺伝子概念が導かれる。**遺伝子とは、記号的かつ／またはアナログ的なタイプのメッセージで、クロマチンの核酸やタンパク質に書き込まれており、細胞から細胞へ、また、世代から世代へと伝達され、細胞や個体のもつ性質に基づいて解釈されることにより、生物の形をつくり出すことを可能にする情報となるものである。**

メッセージの全体がゲノムであるが、そこには、遺伝子に含まれるメッセージを情報に変える過程を制御するシグナルも含まれている。制御シグナルはクロマチンの成分のうちのDNAにもタンパク質にも書き込まれているので、拡張した遺伝子もその両方に書かれていることになる。こうした制御シグナルのはたらきを介して、ゲノムは環境に対して開かれている。

こうなるとわれわれは遺伝学というものに新たな見方をすることができるようになり、そこでは、

ＤＮＡのもつ特権的立場を相対化することができる。ＤＮＡは確かに圧倒的な役割をもっているが、それでも唯一絶対のシグナルの運び手ではなくなる。シグナルにはエピジェネティックなものもあるが、ＤＮＡのシグナルを読んで解釈しなければ情報にはならない。言い換えれば、遺伝的メッセージをクロマチンが担っているとしても、遺伝情報は細胞全体や生物体全体の中に、それらによって組み込まれている。

こう考えてくると、クロマチンの定義も拡張できる。クロマチンは、真核生物の染色体に限定されているというのが現在の考え方である。ところが、細菌やアーキアなど、非真核生物でも染色体と同等のものが存在していて、それを「核様体」と呼ぶ。これもまた、構造的に組織化されていて、その度合いが外界への応答や細胞周期に伴って調節されている。真核生物のヒストンと似たものがアーキアには存在する。したがって、アーキアと真核生物ではゲノムの構造化の分子機構も、ある程度共通だと思われる。一方で細菌にはヒストンはない。それでもゲノムの組織化のしくみは存在していて、いろいろなタンパク質が結合することによって、タンパク質を**コードする遺伝子**の発現の調節が行われている。細菌においてもＤＮＡは厳密かつフレキシブルに組織化されているが、そのしくみは真核生物のものとは異なる。そのためここでは、クロマチンという言葉で、ＤＮＡを組織化することによって遺伝的シグナルの一部をなしうるすべてのしくみを指すことにしておく。

二つのタイプの遺伝子

前項で述べたように、遺伝的メッセージの解釈には、そのメッセージに書き込まれたパーツ自体が必要である。メッセージとその解釈とを区別するならば、次のような疑問が生じる。つまり次のような二種類の遺伝子があるのだろうか。一つは、こうしたパーツを合成し組織的にはたらかせるためのもの（パーツ間の関係を司るものも含む）、つまりメッセージの**複製と解釈**を可能にする遺伝子で、もう一つは、細胞や生物体の機能を司る**形態**に関わるものである。こうした区別はもちろん便宜的なもので、エネルギー代謝などのパーツの合成に関わる遺伝子は、メッセージの解釈という機能にも不可欠である。しかしこのような区別を念頭に置いたとき、それが生物学的な意味をもたないものなのかを検討してみるとよかろう。「進化の見地から見なければ、生物学におけるすべては無意味になってしまう」というテオドシウス・ドブジャンスキーの言葉のとおり、**解釈遺伝子群**（複製と解釈を可能にする遺伝子をこのように簡略に呼ぶことにする）の進化速度が、**構築・動作遺伝子群**の進化速度に比べて遅いことに驚く。たとえばそれはリボソームＲＮＡ遺伝子の場合である。この遺伝子は、細菌、アーキア、真核生物という三つのドメインにわたって比較することができるが、それはこの進化速度の遅さのためである。同じことは転移ＲＮＡ遺伝子や、転移ＲＮＡにそれと対応するアミノ酸を結合させる活性化酵素をコードする遺伝子についても当てはまる。さらに、翻訳因子は細菌と真核生物とでかなり異なるものの、それでも対応関係をつけることが可能なのは、やはり進化速度が（相対的に）遅いからである。**エピジェネティック**なメッセージの解釈に必要な因子群についても同様である。ヒストンは細菌にはないが、アーキアと真核生物ではよく似ていて、進化速度が非常に遅い。

こうして、二種類のタイプの遺伝子が存在するという大胆な仮説を立てることができそうである。一方はメッセージの複製や解釈に関わるもので、他方は細胞や生物体の構築や活性発現に関わるものである。前者は非常にゆっくりと進化し、生物世界の統一性をよく示している。後者はもっと速く進化し、生物の多様性を可能にするもので、生物の実際の姿を示してくれる。もっともこの仮説はまだ検証が必要だが。

むすび

二十世紀生物学の最重要課題は、すでに十九世紀にヴァイスマンとド・フリースによって提起されていたように、世代間の形質の**伝達**と、発生過程における形質の**具現化**の両方を説明することであった。それは依然として、遺伝子型と表現型との関連を確立することであり、つまり広い意味での遺伝子に書き込まれたシグナルを、エピジェネティックなものも含め、生物が情報に変換するしくみと、情報を形態つまり表現型に変換する複雑な生物学的しくみを理解することである。この過程は複雑で、そこにはそれぞれの遺伝子（もしも個別の遺伝子で考えることができるなら）が関与するばかりでなく、遺伝子間の相互作用や遺伝子と環境との相互作用も関わっている。

訳者あとがき

本書について

本書は、Jean Deutsch（2012）, *Le gene —— un concept en evolution*, Seuil, Paris の全訳である。著者は、パリ第六大学で遺伝学の教授を務め、現在は名誉教授である。遺伝学と発生学の融合による進化学の研究、つまりエボデボの初期の推進者として、*Hox* 遺伝子などの解析を中心として活躍してきたが、近年では生物哲学の分野でも活躍している。本書も遺伝学そのものの解説書ではなく、遺伝子という概念が歴史的にどのように形成され、現在どのような問題点があるのかという観点から書かれており、半ば生物学、半ば哲学というスタンスの書物である。著者は一般向けにもさまざまな書籍を出版している。

本書に書かれている内容自体には何ら問題はないはずだが、本書を読む読者にはなかなかハードルが高いかもしれない。というのは、遺伝学の歴史、とくにメンデル以前に関しては、日本で解説した本がほとんどなく、おそらく高校や大学でもほとんど教えられていないからである。その意味では、アリストテレスやモーペルチュイはもちろん、はじめの方に出てくる科学者の述べていることがよく理解できないとしても、致し方ないと思う。反面、立派な業績で知られるダーウィンやド・フリースも、ジェミュールとかパンゲンなど、今となっては訳のわからないことを考えていたことは、科学史の興味としては面白いだろう。一方で、ノダンのようにあまり日本では知られていない学者が、不完全ながらも分離の法則を見いだしていたことなどは、新鮮に感じられるかもしれない。現在当たり前に思える遺伝情報の考え方のルーツが、ビュフォンの内的鋳型であるというジャコブの考え方も紹介されている。

本書に描かれている生物学の歴史を見ると、フランスの学者が数多く登場してくる。著者がフランス人だからということもあるかもしれないが、実際に生物学に限らず科学の歴史を作ってきた大きな部分はフランス語文献であったことは間違いない。その意味では、今の日本でフランス語履修者が、とくに自然科学系できわめて少なくなってしまったことは残念である。それでも微力ながら、自然科学系の文章をフランス語で読む授業などを通じて、少しでも関心のある学生が科学のフランス語になじむ機会を提供している。訳者としては、優れたフランス語文献を少しでも多く翻訳して、日本の読者に紹介することが大切だと感じているところである。

この翻訳に際しては、著者であるジャン・ドゥーシュ教授から、誤りの修正など、さまざまな情報をいただきました。東京大学総合文化研究科太田邦史教授、京都大学生命科学研究科荒木崇教授には、貴重なご意見を賜りました。九州大学理学研究院仁田坂英二先生には、変化アサガオの図版を御提供いただきました。また、本書の編集にあたってさまざまなサポートをしてくださったみすず書房の川崎万里さんに感謝申し上げます。

解説——遺伝子と遺伝情報、生物情報などの関係について

1 科学史のおもしろさ

本書で扱われているテーマの一つの面は、遺伝子概念の歴史である。遺伝子という言葉自体の誕生は二十世紀初めであるとしても、遺伝子と同等の概念の誕生は、本書の著者によればメンデル以降ということになる。しかし本書が扱うのは、遠くギリシア時代、碩学アリストテレスに遡る。確かに第一章―1の内容は、日本の読者にはなじみの薄いものに違いない。出てくる人々の名前は聞いたことがあるにしても、書かれている考え方は、およそ理解を超えているように思われるに違いない。しかしそれでは、専門の学者ではない一般の人々がどれだけ遺伝のことを知っているのかというと、オーソドックスな遺伝学ですら、きわめて縁のうすいものではないだろうか。おそらく多くの人々が共通認識として持っているのは、動物では卵と精子が受精して子が生まれること、父方と母方の両方から遺伝情報がくること、遺伝子はDNAという二重らせん形のものでできているらしいこと、などであろうか。

ではこうした知識がどこから来たのかというと、どこかで教わったから、おそらくは学校やテレビで得た知識ということになろう。そうした外部の情報源がなければ、今日のわれわれですら、遺伝についても遺伝子についても、ほとんど何も知る手段がなく、知識もないのではないだろうか。おそらく昔の人々は、生活の中で出会う動物の観察を通じて、ある程度の生物学の知識を得ていたに違いない。そうしたレベルで考えると、アリストテレスは立派な観察者であったと言えるのではないだろうか。

第一章―1に書かれているアリストテレスの説は、一見荒唐無稽、変なことを言っているように思うかも知れない。当時は卵と精子の区別もなく、何でもたねと呼んでいたようだが、それはともかく、たねが身体全体の余った栄養分からできるなどというと、まったくおかしな考えのように思ってしまう。雄が供給するたねが活動力を与え、雌が供給するものは栄養分だけというのも、日常の直感としてはそうかも知れないと思える。遡上した鮭のおなかいっぱいに卵巣や精巣が詰まっていることを考えると、たねが身体全体から余った栄養分でできているという考えも納得できる気がする。中学の時にカエルの解剖をした方は同じ感想を持つだろうし、ウニなどは、あの殻の中いっぱいに卵が詰まっていることを知っている方も多いだろう。ニワトリにしても雄がいなければ、無精卵を生むだけでヒヨコはできないので、雄のほうに何らかの駆動力のようなものがありそうに思われるのも無理からぬ話である。それでも子が親に似ることはごく当然の事実で、それは母親にも父親にも、また、母方の祖父母や父方の祖父母にも似ていることがある。すると何らかの因子が伝えられているに違いないことも想像できる。

こうした日常体験に基づく知識を整理して、何とか整合性のある理論にしようとしたのが、メンデル以前の人々であったことになる。その意味では、第一章に書かれていることは歴史的で、時間的な流れの中に位置づけられた知識の変遷であるにもかかわらず、今日の一般人が専門的な知識を身につける過程にも重ねられるはずである。そうした面で、できるだけ先入観を持たずに第一章を読んでいただきたい。知識の通時的な変化と共時的な変化の微妙な重なりを味わうところに、科学史の楽しみ方があるかもしれない。

かのダーウィンが雑種を作る実験をしていたことも面白い。せっかく分離比も出ていたのに、さすがに三対一とは気づかなかったらしい。もちろんメンデルのように最初に注意して純系を作るというような発想がなかったので、分離比にも注意しなかったのであろう。進化の理論を打ち出したダーウィンは、植物の運動など多くの優れた観察を残しているが、それでも遺伝に関してはまったくアイディアが出せなかったことになる。

その点で、メンデルはなんと言っても抜きんでている。ドップラーの研究室で物理学を勉強しながら遺伝に興味を持ち、いきなり遺伝の実験に取り組んで、ほとんど無駄なこともせずに、法則にたどり着いているのだから。もっともその後で、ネーゲリ先生の余計な指導によって、自分の法則に疑いを感じてしまったのは気の毒なことである。フィッシャーはメンデルの実験の比率があまりにもよすぎるのを疑ったようであるが、私はメンデルがほとんど無駄なく目的の実験を達成していることの方に不思議を感じる。もちろん実験自体は何年もかかっているのだが、メンデルの法則を生み出すのに必要な実験以外のことに使った無駄な時間がないように見えるのが不思議である。おそらくウィーン滞在中に、よほどよいアイディアを得ていたのではないかという気がする。それが何だったのか、私にはわからないが、メンデルの法則のようにして、数理的に解く問題に出会っていたのではないだろうか。単に多項式の展開だけでは説明できないと思う。

2　オペロン説の意義

本書の著者がフランス人であるということもあり、ジャコブとモノーのオペロン説が遺伝子概念の転換点に位置づけられている。オペロン説はいまや高校の生物でも教わる、いわば当然知っておくべき知識になってしまったのだが、構造遺伝子と制御遺伝子の区別から、遺伝子概念の破綻に持っていくという筋書きには、本書の著者の強い意志を感じる。引用されている図10のデータを理解できる読者は、本当の専門家か専門の学生だけかもしれない。私自身、ジャコブとモノーの原論文に書かれたこのデータを見たときには、本当に驚いた。全部わかっている今日のわれわれでも理解するのに非常に努力が必要なのに、こんな実験を思いついた彼らは一体どんな頭脳の持ち主なのだろうか。さらにこんな複雑な実験を成し遂げる実験技術もたいしたものだ。ＰＣＲで遺伝子をつなぐことが容易になった今日でも、思い通りのコンストラクトを作ることは容易ではなく、しかもそれを使った実験を適切に実施し、解釈することは容易ではない。

同じような思いはベンザーのrII領域の相補性検査（図5）でも感じた。またマクリントックの動く遺伝子に至っては到底理解不能である。トランスポゾンというものがあることを知っているから、言われていることが理解できるものの、何も前提なしに聞いても理解できる話ではない。一九八六年にアメリカで開かれた植物分子生物学会議で、来賓としてマクリントックが記念講演をしたのを聴く機会があったが、満員の大きなホールで、蚊の鳴くような小さな声で、古いスライドを丁寧に説明していたのを覚えている。それでもこんなデータからどうしてトランスポゾンという考えを生み出したのかには、とてもついていけなかった。

オペロン説の意義にはさまざまなものがある。以前に私は、『40年後の偶然と必然』の中で、オペロン説が、生物の適応現象という「生物の生物らしさ」を機械論的に説明して見せたことが画期的なことだったと述べた。これはおそらく多くの生物学者の共通の見解であると思う。ジャン・ドゥーシュはそれを、環境と遺伝子との相互作用、あるいは環境とゲノムの相互作用という枠組みで捉えている。彼は生物の生物らしさには関心がないのだろうか。それとも遺伝子を扱う枠組みの中では、そういう問題を扱う余地はないのだろうか。彼の書いたものをいくつか読み、二〇一三年の生物哲学の学会（ISHPSSB）でのシンポジウム講演を聴いたが、あまりそういう観点はなかったかもしれない。

他方、オペロン説が合成生物学や分子レベルのブリコラージュを生み出したことは、私も上掲書で述べたが、これも現在の若い合成生物学者には、案外知られていないことである。彼らの多くは工学系から分子生物学の分野に参入していて、生物学の歴史を勉強していないためであろう。いまとなっては、遺伝子をスイッチのようにオン・オフすることによって、自由な回路を設計し実現するということは、ある意味当たり前のことのようにもなってしまった。しかし、遺伝子発現の制御がどのようにして可能になるのかを最初に考え出した人々の知恵にも、少しだけ思いをめぐらせてほしいように思う。

3　情報概念の問題

ここからはもう少し哲学的な問題を考えることにする。本書の最も重要な点は、遺伝情報とは何かということである。著者はメッセージと情報とを区別している。メッセージとは、シグナルの集まりと定義されている。つまり一つ一つの文字をシグナルとすれば、それが並んでできた文章がメッセージである。そして情報とは、その文章の意味だというのが著者の考え方である。これは比較的一般的な科学哲学の考え方であろう。DNAでいえば、A、T、G、Cはシグナル、塩基配列はメッセージ、そこから作られるタンパク質が果たす細胞機能が情報ということになる。問題は何をもって意味と考えるのか、情報と考えるのかということである。

著者はシャノンが定義したものが情報（の内容）ではなく、情報量という数量に過ぎないと言う。これも生物哲学ではよく出てくる考え方である。したがって、情報の中身、情報の意味はどこに含まれているのかということが問題となる。なぜなら、タンパク質をコードする遺伝子（古典的な意味での分子レベルの遺伝子）を考えた場合にも、DNAの塩基配列をメッセンジャーRNAの配列に変えたあとで、リボソームによる翻訳の過程を経て、タンパク質となる。しかも、タンパク質は正しく折り畳まれないと、本来の機能（主に酵素活性や特定の基質との結合活性）を発揮できない。その場合、DNAの塩基配列はメッセージに過ぎず、そこに情報が含まれていたとしても、それは正しくデコードするシステム、つまりリボソームの存在を前提としてのこととなる。ではDNAの塩基配列はどこから与えられたのか、リボソームはどこから与えられたのかということになる。予め決まったルールに従ってコードの体系を決めていれば、このシステムはコンピュータにおける情報処理と同等のシステムと見なすことができよう。しかし生物が今の姿をとっているのは、ひとえに進化のおかげであって、誰かがコードを与えてくれたためではない。

分子生物学の普通の教科書では、DNAに情報があって、それが細胞の中で解読され、利用されることによって、いかにうまく細胞構造が作られ、細胞機能や生体機能が成り立つのかが説明されている。その限りでは、情報はDNAにしっかりと書き込まれていて、あたかもコンピュータがプログラムを実行していくのと同じように見える。これは生物の還元主義（還元論）的理解の基盤でもある。したがって、こうした細胞内の遺伝情報の流れに対して疑念をはさむ哲学者たちに対して、分子生物学者たちは当然のごとく拒否反応を示し、文系の人は変なことを言って混乱させるなどと思うのである。

しかし一歩下がって、もう少しそれぞれについて考えてみると、少し違った理解ができるように思う。コンピュータやプログラムは絶対に正しく、最初に与えられた仕事をこなすと言えるのだろうか。プログラムを自分で書いた人なら誰でもすぐに気づくように、ソフトウェアというのは間違いだらけである。少なくとも今、当面必要とされる条件の範囲内で、思ったことを素早く処理してくれればよい。予想外のデータを入力することで起きるエラーなどは、考えていたら切りがない。コンピュータ処理の本質は条件分岐とループの組み合わせであるが、これらが想定どおりに動くのは、何度も何度もトライアンドエラーを繰り返してテストしたからであって、変なデータに遭遇すれば何が起きるかわからないという心配は、いつまでもつきまとう。だからこそ、著者も第四章―2の脚注（一五五頁）で、ソフトウェアのバグ修正が永遠に続くことを指摘している。すなわち、コンピュータのソフトウェアの動作は、無限にも近い試行錯誤と選択の結果であり、その試行錯誤はまったくの偶然とまで言えないにしても、合理的にプログラムを書いているつもりなのはプログラム開発者の立場であって、コンピュータの側からすれば、間違ったコードを書き込まれるのは単なる偶然のエラーでしかないはずだ。

コンピュータのソフトウェアが偶然と選択の産物という性格をもつことまでは認められても、ハードウェアは違うと思うかもしれない。現在ではきわめて高度に複雑化してしまったICチップの集積回路も、基本は半導体のネットワークに電流を流しているに過ぎない。ただ単に電流を流すだけではコンピュータの動作は成り立たない。多くの人々はきっと知らないかもしれないが、コンピュータがきちんと動作するのは、クロックというしくみのおかげである。ある一定のリズムで命令を読み込み、実行する。これがなければ単に電流が流れるだけのアナログ回路になってしまう。これによって、アナログ信号がデジタル信号となる。そこには一種の解釈装置が介在していると考えてもよいだろう。著者の言葉で表すと、単なる電圧の変化パターンはメッセージで、デジタル化した信号が情報ということになる。こうして、予め与えられたコードに従って誤りなく動作するコンピュータプログラムというイメージは、少し考え直す必要があることがわかる。

一方で、DNAがもつメッセージがリボソームという解釈装置を介在させなければ情報にはならないという言い方も、もう少し考え直す必要がある。そもそも転写の段階では、RNAポリメラーゼはDNAの塩基に応じて四種類のヌクレオチドをつないでいくわけだが、これも情報と言えないことはない。RNAの塩基に機能を認めなければ単なるメッセージだが、機能をもつRNAもある以上、転写も解釈の一種と見なしてもよいかもしれない。翻訳によってタンパク質が作られるのとは違うという考え方もあるだろうが、翻訳されてできるポリペプチド自体は単なるアミノ酸の重合体であって、これ自体、依然としてメッセージである。

本書の著者は、遺伝子概念を拡張していったときに、ＲＮＡにもアナログ的な情報が含まれると考えているが、ＲＮＡもタンパク質も、機能するときは立体構造に依存しているので、アナログ的な情報を持っていることになる。機能ＲＮＡの場合もタンパク質の場合も、長い重合体がうまく立体的に折り畳まれて初めて機能を発揮する。その意味では、リボソームも解釈装置ではないのかもしれない。本来の意味で、情報の意味が表れてくるのはＲＮＡやタンパク質がうまく折り畳まれて立体構造を作ってからとなると、それを実現しているのはどんなプロセスなのかという疑問が残ってしまう。このことはモノーが『偶然と必然』の中で述べていたことでもある。

機能をもったタンパク質の個体発生つまり形態形成には、生命世界全体の起源と系統関係が反映しており、生物が表現したり、追求したり、実現したりしようとする目的・意図は、究極的には、このメッセージ、つまり、タンパク質の一次構造という、正確に書かれ、忠実に複製されるが本質的に解読不能なテキストの中から生まれ、顕在化してくるのである。ここで解読不能という意味は、生理学的に必要な機能という、このメッセージが自発的に実現するはずのものが発現する前の段階では、メッセージの構造に表れているのがその配列がもともともっていた偶然性だけだからである。しかし、われわれにとっては、こうしたことが、まさしくこのメッセージの最も深い意味なのであり、それは、長い年月を経てわれわれにもたらされたものなのである。

（第五章の最後の部分。訳文は拙著『40年後の「偶然と必然」』から）

本書では、これがタンパク質に限らず、ＲＮＡでも言えて、ＲＮＡがとる三次元構造も、ＲＮＡの塩基配列からだけでは簡単にはわからないということになる。しかも単なる遺伝情報の入れ物と思われていたDNAですら、それ自身で三次元的な構造を作ることがあり、それをタンパク質やRNAが認識するという（六章、図14）。生物哲学の議論では多くの場合、リボソームがメッセージの解釈の主体であると言われているが、話はもう少し複雑なようである。

4　情報と場

遺伝情報とコンピュータプログラムが大差ないということを理解したうえで、では遺伝情報とは何かという問題を考えることにする。われわれの年代が大学で分子生物学を教わったときには、タンパク質の折り畳みは自動的に起きるので、立体構造の情報はすべてアミノ酸配列の中にあると言われていた。これはある意味で正しく、ある意味で正しくない。著者も述べているように、タンパク質の構造は必ずしも一通りではなく、プリオンのように二通りの構造をとりうるものや、アロステリック酵素のように構造変化自体が機能だったりすることもある（第五章―1「タンパク質の配列から機能へ」）。このことが意味するのは、タンパク質の構造は、それが置かれた環境によって決まるということである。これは実はごく当たり前のことで、置かれた環境によって、ポリペプチド鎖が折り畳まれ、立体構造ができ、その結果として、タンパク質の機能が生ずる。アミノ酸配列で立体構造が決まるというのは、与えられる環境が決まっているからである。動植物の組換え遺伝子を大腸菌で発現したときに、作られたタンパク質が不溶性の塊になってしまうことがしばしばあるが、このような場合、そのタンパク質の折り畳みが起きる環境が不適切であるのかもしれない。このような実際的な例がいくつもあるにもかかわらず、最初に述べたように、「タンパク質の立体構造はアミノ酸配列で決まる」とか、「立体構造の情報はアミノ酸配列にある」とか述べるのは、正しくないことになる。

つまり「情報の意味」とされるタンパク質やRNAの「機能」を支える立体構造は、これらの高分子の一次構造（配列）だけによるのではなく、適当な環境あるいは「場」の存在を前提としている。では「場」が解釈装置なのだろうか。広い意味では、細胞そのものが「場」であり、解釈装置であろう。しかし私はこのようなモデルで話をすることに無理があるのだと思う。「メッセージ」を「解釈装置」が「コード」に従って読むことによって「情報」が生まれる、などと情報発現過程を分解して考えることに無理があるのではないだろうか。本書でも解釈装置は、リボソームなどの粒子どころか、細胞全体、あるいは生体全体ですらあると述べられている。そしてその解釈装置を作るにもDNAの配列が必要なのである。これは一種の自己撞着状態である。ダンシャンが描いたように、ニワトリと卵の関係にも似ている。

これまでの自然科学のアプローチでは、研究対象と研究主体とがはっきりと分かれていた。しかし上に挙げたような細胞内での情報解読では、解読されるものと解読するものが明確に分かれていない。これまでの自然科学における客観的なものの見方の構図があてはまらないように見える。同じようなことは心理学や経済学の研究でも言えるだろう。しかしいまはわれわれがどう研究するかではなく、細胞内でどのように情報が解読されるのかという問題である。ものを考えるにはどうしても概念を分けて考える必要があるとすれば、この際、メッセージと情報と解釈装置が互いに持ちつ持たれつの相互依存関係にあると考えるしかない。しかしそれでは話が進まないようにも見える。

5　困難を乗り越える考え方

ここでもう一度よく考えてみる必要がある。互いに持ちつ持たれつかもしれないが、その状況は同時的ではないはずである。現在新たなメッセージの解釈をするときに与えられている場は、過去に行われたメッセージの解釈の結果生まれたものである。したがって、メッセージと場とは循環論法ではなく、スパイラルのような関係にあり、時間的に発展する系を構成している。生命は動的なものであるが、生物学の研究となると、どうしても個々の成分を切り離してべつべつに研究する必要がある。その場合、このスパイラルから独立して、機械論的なしくみを解明することになる。従来の生物哲学の枠組みでは、還元主義的アプローチと全体論的アプローチとを対決させる、あるいはその間をかいくぐって創発主義を主張するという形になっていた。しかし、生命が時間発展する相互作用システムだとすれば、ある時刻で切り取った個別の成分（メッセージであれ情報であれ、解釈する場であれ）を組み合わせて全体ができると考えるべきではない。

しかしまた、このようにすべてを「まぜこぜ」にしてしまっては、悪しき全体論の罠に陥ってしまいそうである。DNAの配列メッセージ、DNAメチル化やクロマチン構造などのエピゲノムメッセージ、RNAポリメラーゼなどの転写装置、リボソームなどの翻訳装置、オルガネラや膜や細胞骨格系などの細胞構造、これらが全部うまくはたらいたときに生まれる代謝や運動などの細胞活性、こうしたもののすべてが相互に依存しながら、細胞分裂を行い、次世代を生み出してゆく。こうしたシステムが多数共存し、しかもシステムが変異を起こすことによって、異なるシステムが生まれる。このような動的な相互依存発展系として生命システムを考えるならば、どれがメッセージでどれが情報ということはできないのではないか。

ある解釈装置を前提とすることでメッセージと情報の区別ができるようになる。しかし細胞構造が織りなす「場」を解釈装置とみなすか、それともメッセージと見なすかは、定義次第である。細胞構造全体にもメッセージがあるとすると、それを具体的に見える形にしたものがDNAの塩基配列であるということにもなる。主客を逆転させても話は成り立つようである。つまり利己的な遺伝子という話にもあるとおり、DNAの塩基配列の複製が目的だとすれば、それを実現する他のあらゆるものは細胞装置を含めて、すべてが補助的なもの、情報を持たないメッセージとなるであろう。

このように考えたとき、遺伝子はどうなるのだろうか。全体を相互依存し合う複雑な発展系と見なすと、遺伝子も個別に取り出せるようなものではなくなってしまうかもしれない。さまざまな要素の間の相互作用を矢印で表すとして、その矢印のひとつひとつが遺伝子ということになるのかもしれない。細胞の活動のそれぞれを成立させる分子があり、その分子を作るための道筋があり、それは何らかの形でDNAから始まるはずである。そうしたそれぞれの道筋がDNAと交わるところが旧来の概念に基づく遺伝子であろう。バイオインフォマティクスの実際的作業としては、イントロンとエクソンを明確に定義し、どのようなスプライスバリアントができるのかを記述すればよいだろう。従来はDNAとタンパク質のデータベースだけがあったが、これからはRNAのデータベースも必要になるだろう。いずれにしても、個別の要素に関する記述は今までどおり続けていくほかはない。遺伝子の概念はそれとは別の問題であろう。

細胞内のあらゆるものが相互に依存しあっているなかで、たった一つの塩基置換が明確な表現型を生み出すという事実は、それを遺伝子と呼ばずにはいられない衝動を与える。しかし、遺伝学によって定義できるのは遺伝子ではなく、変異だけである。変異を解釈して、野生型の場合、そこに遺伝子があると考える。したがって、遺伝子という言葉をやめてしまっても、変異を使って実験を記述することはできる。一つの遺伝子内の変異が、隣の遺伝子の発現に影響を及ぼすことなどがあり、その意味では、遺伝子は互いに独立なものではない。それでもやはり妥当なところとしては、以上の考察を踏まえたうえで、著者が提案する拡張した遺伝子概念を使うのが現実的であるように思われる。

二〇一五年八月　訳者識す

あとがき関連文献

ジャック・モノー（1970/1972）『偶然と必然――現代生物学の思想的な問いかけ』渡辺格・村上光彦訳、みすず書房

アントワーヌ・ダンシャン（1983/1985）『ニワトリとタマゴ――遺伝暗号の話』菊池韶彦・笠井献一訳、蒼樹書房

佐藤直樹（2012）『40年後の「偶然と必然」モノーが描いた生命・進化・人類の未来』東京大学出版会

佐藤直樹（2013）「広がりゆく「生物学の哲学」の息吹き――還暦の年の国際学会ことはじめ」（『みすず』十一月号二六―三三頁）

西脇与作編著（2013）『入門　科学哲学　論文とディスカッション』慶応大学出版会

田中泉吏・佐藤直樹（2013）「生命現象は物理学や化学で説明し尽くされるか」（『生物科学』65二―九頁）

佐藤直樹（2013）「生物学的説明の二元論――生物学的文脈の中の還元論、非還元論」（『生物科学』65五四―六三頁）

人名索引

ア 行

カ 行

サ　行

タ　行

ナ　行

ハ　行

マ　行

文献

1章—1　遺伝学前史

この項全体について

J. Rostand (1930), *La Formation de l'être. Histoire des idées sur la génération*, Paris, Hachette, 1-13章. ジャン・ロスタン『人の遺伝』寺田和夫訳，白水社，1955年.

J. Rostand (1945), *Esquisse d'une histoire de la biologie*, Paris, Gallimard, 2, 4-7章. ジャン・ロスタン『生物学の潮流』丹羽小弥太訳，みすず書房，1953年.

B. Wallace (1992), *The Search for the Gene*, Ithaca, Cornell University Press, 2章.

J. Roger (1993), *Les Sciences de la vie dans la pensée française au xviiie siècle*, 3e éd., Paris, Albin Michel.

P. Duris, G. Gohau (2011), *Histoire des sciences de la vie*, Paris, Belin. とくに5章, p. 89-110.

ヒッポクラテス

De la génération, *in* É. Littré (1851), *Œuvres complètes d'Hippocrate*, vol.7, Paris, Baillière; http://remacle.org/bloodwolf/erudits/Hippocrate/generation.htm.

アリストテレス

仏語版は P. Louis (2002), Paris, Les Belles Lettres- Guillaume Budé. ローマ数字は巻数を，アラビア数字は章を示す．P. Louis が « coction »（cuisson，調理）と訳したところを，私は « maturation »（成熟）と訳した．

ハーヴェー

引用は J. Roger (1993), 前掲書，p. 119-120 より．

デカルト

« L'homme et la formation du fœtus », 2e éd. (1677), Paris, Charles Angot. のダウンロード先：http://gallica.bnf.fr/ark:/12148/bpt6k57486b/f1.image.print.r=descartes+.langFR.「人間論」（『デカルト著作集』4）伊東俊太郎・塩川徹也訳，白水社，2001年．次も参照 J. Roger (1993), 前掲書，p. 140-154. および P. Mazliak (2005), *Descartes. De la science universelle à la biologie*, Paris, Vuibert, 12章.

レーウェンフック

前成説／エピジェネシスについてはJ Rostandの前掲書（1930）および（1945）を見よ；É. Guyénot（1957）, *Les Sciences de la vie aux xviie et xviiie siècles*, Paris, Albin Michel, Livre III, « Le problème de la génération », p. 209–335; F. Jacob（1970）, *La Logique du vivant. Une histoire de l'hérédité*, Paris, Gallimard, p. 63–78. フランソワ・ジャコブ『生命の論理』島原武・松井喜三訳，みすず書房，1977年；P. L'Héritier（1973）, « L'histoire de la génétique », *La Recherche*, vol. 4, p. 557–568; A. Giordan（1987）, *Histoire de la biologie*, Paris, Lavoisier, vol. 2, p. 132–150; M. Cobb（2006）, « Heredity Before Genetics. A History », *Nat. Rev. Genet.*, vol. 7, p. 953–958; P. Mazliak（2006）, *La Biologie au siècle des Lumières*, Paris, Vuibert; N. Malebranche（1668）, *De la recherche de la vérité*, の引用はP. Mazliak（2006）, 前掲書, p. 92, およびde P. Lherminier（1998）, « L'hérédité avant la génétique », *Médecine/sciences*, vol. 14, p. i–xi. J. Roger（1993, 前掲書，p. 325）で胚の中に「予め存在していること」と「前成」とを区別すべきことが書かれているのは正しい．

ビュフォン

引用は全集より．Buffon（1749）, *Histoire des animaux*, in（2007）, *Œuvres*, Paris, Gallimard, « La Pléiade ».『ビュフォンの博物誌——全自然図譜と進化論の萌芽『一般と個別の博物誌』ソンニーニ版より』C. S. ソンニーニ編，ベカエール直美訳，工作舎，1991年，に図版が収録されている．

エピキュロス

Lettres, maximes, sentences, 翻訳と注釈はJ.-F. Balaudé, Paris, Le Livre de poche, 1994.『エピクロス——教説と手紙』岩崎允胤訳，岩波文庫，1959年．

ルクレティウス

De la nature, 翻訳と注釈はH. Clouard, Paris, Garnier, 1954. ルクレーティウス『物の本質について』樋口勝彦訳，岩波文庫，1991年．レオミュールとビュフォンの自然発生をめぐる論争については，J. Deutsch（2007）, *Le ver qui prenait l'escargot comme taxi*, Paris, Seuil, p. 29–49. およびT. Hoquet（2007）, *Buffon/Linné. Éternels rivaux de la biologie ?*, Paris, Dunod.

モーペルチュイ

P.-L. Maupertuis（1745）, *Vénus physique*, P. Tortによる編纂版，Paris, Aubier-Montaigne, 1980; ダウンロード先：http://fr.wikisource. org/wiki/Vénus_physique. Le *Système de la Nature*は最初1751年にDr Baumannという仮名でラテン語の論文として発表されたが，のちに1754年，Maupertuisの名前でフランス語で出版．*Essai sur la formation des corps organisés*, ダウンロード先：http://gallica.bnf.fr/ark:/12148．さらにその後，1756年にリヨンで刊行された全集

に『自然のシステム *Système de la Nature*』のタイトルで増補版が採録された．この版の中では多指症の解析がなされている．Dr Baumann の論文はディドロによっても議論されている．*Pensées sur l'interprétation de la nature*（1754），Paris, GF-Flammarion, 2005. 同じものが 1754 年に付録として出版．同様に，P. Brunet（1929），*Maupertuis, II. L'œuvre*, Paris, Albert Blanchard, 7 章，p. 289–336; J. Rostand（1966），*Hommes d'autrefois et d'aujourd'hui*, Paris, Gallimard, p. 57. も参照のこと．モーペルチュイの考え方については，S. J. Gould（1988），*Le Sourire du flamant rose*, Paris, Seuil, p. 158–171; P. Mazliak（2006），前掲書．3 章，p. 77–106. モーペルチュイの考えがビュフォンと関係することや，「親和力」とニュートン引力との関係については G. Canguilhem（1992），*La Connaissance de la vie*, Paris, Vrin, p. 52–56. ジョルジュ・カンギレム『生命の認識』杉山吉弘訳，法政大学出版局，2002 年.

生物学的な遺伝概念の 19 世紀における誕生

J. Borie（1981），*Mythologies de l'hérédité au xix*^{e} *siècle*, Paris, Galilée; A. Pichot（2002），« La génétique est une science sans objet », *Esprit*, mai, p. 102–130; B. Marty（2010），*De l'hérédité à la génétique*, Paris, Vuibert, 1 章．J. Gayon（2006），« Hérédité des caractères acquis », *in* P. Corsi, J. Gayon, G. Gohau, S. Tirard, *Lamarck, philosophe de la nature*, Paris, PUF, 4 章，p. 141–151. ここではモーペルチュイが「遺伝的」という形容詞を使用した最初期のひとりだとしても，「遺伝」という名詞が使われたのは 19 世紀であることが強調されている．

1 章— 2　メンデル以前の遺伝研究

ケールロイター

リンネとケールロイター，またノダンとサジュレ（メンデル以前の育種学者）については A. Giordan（1987），前掲書，vol. 2, p. 150–163.

ノダン

C. Naudin（1863），« Nouvelles recherches sur l'hybridité dans les végétaux », *Ann. Sci. Nat. Botanique*, 4e série, vol. 19, 再録は *in* C. Lenay（1990），*La Découverte des lois de l'hérédité, une anthologie*, Paris, Pocket, p. 24–49. ショウジョウバエの遺伝学者であるモーガンは，ノダンとメンデルの研究についておもしろいコメントを述べている：T. H. Morgan（1932），« The Rise of Genetics », *Science*, vol. 76, p. 261–267. 次も参照．B. Marty（2010），前掲書，1 章.

変異に関するダーウィンの「ラマルク的」概念について

ダーウィンは次のように述べている．「生存条件や用不用の直接または間接

の作用の結果としての変異性の法則」［C. Darwin（1859）, *L'Origine des espèces*, D. Becquemont によるテキスト，Paris, GF-Flammarion, 1992, 14 章, « Récapitulation et conclusions », p. 548.］『種の起原』（上・下）八杉龍一訳, 岩波文庫，1990 年．ダーウィンによるノダンの引用を取り上げた論文は P. Tort（1996）, « Naudin », *in* P.Tort（dir.）, *Dictionnaire du darwinisme et de l'évolution*, Paris, PUF, p. 3160.

キンギョソウの実験の報告

C. Darwin（1868）, *De la variation des animaux et des plantes sous l'action de la domestication*, 英語版からの仏語訳．J.-J. Moulinié（1868）, Paris, Reinwald, 2 章，p. 74-76.「家畜・栽培植物の変異　上・下」（『ダーウィン全集』4，5）永野為武・篠遠喜人訳，白揚社，1938-39年．次も参照．J. C. Howard（2009）, « Why Didn't Darwin Discover Mendel's Laws ? », *J. Biol.*, vol. 8, p. 15. 植物の花の形態の遺伝学に関する最新の知見は *in* F. Jabbour, S. Nadot, C. Damerval（2009）, « Evolution of Floral Symmetry: A State of the Art », *C. R. Biologies*, vol. 332, p. 219-231.

ダーウィン

暫定的なパンゲネシス仮説．C. Darwin（1868）, 前掲書，vol. 2, 27 章，p. 398-399. 有性世代と無性世代についてのコメントおよび獲得形質の遺伝はそれぞれ p. 385 と p. 396 にある．次も参照．B. Marty（2010）, 前掲書，2 章．ダーウィンによる細胞の説明は，1868 年時点ですでに確立していた細胞説とは明らかに食い違う．Jonathan Hodge（2010, « The Darwin of Pangenesis », *C. R. Biologies*）は，1840 年代からすでにダーウィンがパンゲネシス説を定式化していたことを説明していて，「その時代にはまだ細胞説が完全には確立していなかった」．しかし G. カンギレム（1992）, 前掲書，p. 69. によれば，エルンスト・ヘッケルとクロード・ベルナールによって細胞説が認められたのは 1874 年なので，ダーウィンがパンゲネシス説を出版した 1868 年以後だが，*De la variation* 第二版（1875）には先立っている．変異と遺伝に関するダーウィンの考えについては，次の議論を参照．S. Mériotte（2008）, « Charles Darwin : sélection naturelle et hérédité », in P. A. Miquel（dir.）, *Biologie du xxi*[e] *siècle. Évolution des concepts fondateurs*, Bruxelles, De Boeck, 4 章.

ゴールトン

F. Galton（1889）*Natural Inheritance*, London, MacMillan, 12 章，p. 192, ダウンロード先：www.esp.org/foundations/genetics/classical（著者訳）. 次も参照．F. Galton（1877）, « Typical Laws of Heredity », *Proc. Roy. Instit.*, vol. 8, p. 282-301; M. Bulmer（1998）, « Galton's Law of Heredity », *Heredity*, vol. 81, p. 579-585.

1章—3　メンデル遺伝学への道

メンデルの法則の「再発見」につながる細胞学的な発見について

O. Hertwig (1876), « Beitrage zur Kenntnis der Bildung, Befruchtung und Teilung des Tierischen Eies », *Morph. Jahrb.*, vol. 1, p. 347–434.「今やわれわれは受精の時の最重要な事象が二つの細胞核の融合であることを認識した」は，次の本で引用されている．E. A. Carlson (2004), *Mendel's Legacy*, New York, CSH Laboratory Press, p. 26; T. Boveri (1889), « Ein geschlechtlich erzeugter Organismus ohne mütterliche Eigenschaften », *Sitz. Ber. Ges. Morph. Phys. München*, vol. 5, p. 73–80, T. H. Morgan による英訳は (1893), « An Organism Produced Sexually Without Characteristics of the Mother », *Am. Nat.*, vol. 27, p. 222–232; T. Boveri (1902), « Über mehrpolige Mitosen als Mittel zur Analyse des Zellkerns » *Verhandlungen der physicalisch-medizinischen Geselschaft zu Würzburg, Neue Folge*, vol. 35, p. 67–90, 英訳のダウンロードは http://8e.devbio.com/article.php?id=24&search=boveri. 19世紀末における減数分裂の実験と論争については F. B. Churchill (1970), « Hertwig, Weismann and the Meaning of Reduction Division *circa* 1890 », *Isis*, vol. 61, p. 429–457; F. Maderspacher (2008), « Theodor Boveri and the Natural Experiment », *Curr. Biol.*, vol. 18, p. R279–R286; M. D. Laubichler, E. H. Davidson (2008), « Boveri's Long Experiment : Sea Urchin Merogones and the Establishment of the Role of Nuclear Chromosomes in Development », *Dev. Biol.*, vol. 314, p. 1–11; B. Marty (2010), 前掲書，11章.

サットン

W. S. Sutton (1902), *Biol. Bull.*, n° 4, p. 24–39, および (1903), *Biol. Bull.*, n° 4, p. 231–251. 後者の論文は J. A. Peters (1959), *Classic Papers in Genetics*, Englewood Cliffs, N. J., Prentice Hall, p. 27–41. に再録されている．次も参照. A. Sturtevant (1966), 前掲書，p. 36–38; G. Winchester (2003), *Curr. Biol.*, vol. 13, p. R747–R749; E. A. Carlson (2004), 前掲書，p. 113–117.

ド・フリース

H. De Vries (1899), *Intracellulare Pangenesis*, Jena, Fisher; 部分的な仏語訳は C. Lenay (1990), *La Pangenèse intracellulaire*, in *La Découverte des lois de l'hérédité. Une anthologie*, Paris, Pocket, p. 237. 次も参照．C. Lenay (2000), « Hugo De Vries : From the Theory of Intracellular Pangenesis to the Rediscovery of Mendel », *C. R. Acad. Sci. Paris*, vol. 323, p. 1053–1060. ド・フリースとダーウィンの関係は S. J. Gould (2006), *La Structure de la théorie de l'évolution*, Paris, Gallimard, p. 608–613.

ヴァイスマン

A. Weismann, « La prétendue transmission héréditaire des mutilations », 仏語版は *in* H. de Varigny (1892), *Essais sur l'hérédité et la sélection naturelle*, Paris, Reinwald et al., p. 411-442. ヴァイスマンとド・フリースの理論の共通点については E. F. Keller (2003), *Le Siècle du gène*. Paris, Gallimard, p. 19-22. A. Weismann (1892), *Das Keimplasma. Eine Theorie der Vererbung*, Jena, Fischer. 英訳は W. N. Parker, H. Rönnefeldt (1898), *The Germ Plasm. A Theory of Heredity*, New York, Charles Schribner's Sons. 次も参照．A. Weismann (1883), *Über Vererbung*, 仏語訳 H. de Varigny (1892), *De l'hérédité*, in *Essais sur l'hérédité et la sélection naturelle*, 前掲書，p. 117-156, C. Lenay (1990), 前掲書，p. 167-212 に再録．次も参照．J. Rostand (1945), 前掲書，p. 171-179; B. Marty (2010), 前掲書，7 章．ヴァイスマンの引用は 1898 年の英語版より．

バッタの減数分裂に関する論文で，サットンは明示的にヴァイスマンの « *ids* » に言及している

W. Sutton (1902), « The Spermatogonial Divisions in *Brachystola magna* », *Kansas Univ. Quat.*, vol. 9, p. 135-160, 引用は A. G. Cock, D. R. Forsdyke (2008), *Treasure Your Exceptions*, New York, Springer, p. 343. これらの顆粒やバンドが遺伝子に対応するという仮説は，20 世紀を通じて支持された．B. H. Judd *et al.* (1972), « The Anatomy and Function of a Segment of the X Chromosome of *Drosophila Melanogaster* », *Genetics*, vol. 71, p. 139-156. この仮説が放棄されたのは，分子生物学によって大きな染色体断片の「遺伝子クローニング」ができるようになってからである．

フランスのネオ・ラマルク主義者

典型的なモーガン流の遺伝学の批判は E. Rabaud (1930), *L'Hérédité*, Paris, Armand Colin, 6 章．次も参照．D. Buican (1984), *Histoire de la génétique et de l'évolutionnisme en France*, Paris, PUF. および非の打ちどころのない本として，L. Loison (2010), *Qu'est-ce que le néo-lamarckisme ?*, Paris, Vuibert.

2 章—1　メンデル革命

メンデルの生涯について

V. Orel, J.-R. Armogathe (1985), *Mendel, un inconnu célèbre*, Paris, Belin; R. M. Henig (2000), *The Monk in the Garden*. Boston, Houghton Miffin; C. Bousquet (2006), *Gregor Mendel, le jardinier de l'hérédité*, Paris, L'école des loisirs.

メンデルの論文

Verhandlungen des naturforschenden Vereins in Brünn（1866）, vol.4, p. 3–47. 原文のダウンロードは www.mendelweb.org. 仏語訳は A. Chappelier（1907）, *Bulletin scientifique de la France et de la Belgique*, vol. 41, p. 371–420. 転載は 1961 年に *Bulletin de l'Union des naturalistes*, さらに C. Lenay（1990）, *La Découverte des lois de l'hérédité, une anthologie*, 前掲書, p. 54–102. また J.-R. Armogathe（1984）, *Le Cas Mendel*, Orsay, Université Paris-Sud に，原文に基づく修正と M. Blanc による注釈を付して再録されている．メンデルからの引用はこの版に基づく．ベイトソンがリーダーシップをとり，補足した C. T. Druery による英語訳が 1901 年に *Journal of the Royal Horticultural Society*, vol. 26, p. 1–32 に掲載された．この版はベイトソンにより再録された．さらに Bateson（1909）*Mendel's Principles of Heredity*, Cambridge, Cambridge University Press; さらに J. A. Peters（1959）, *Classic Papers in Genetics*, 前掲書，p. 2–20, および A. Franklin *et al.*（2008）, *Ending the Mendel-Fisher Controversy*, Pittsburgh, University of Pittsburgh Press, p. 78–116 にも再録されている．

メンデルの実験と結果についての解釈

A. Giordan（1987）, 前掲書，vol. 2, p. 162–174; J. L. Rossignol *et al.*（2000）, *Génétique. Gènes et génomes*, Paris, Dunod, p. 1–5.

「形質」と「因子」に関して

フランソワ・ジャコブによる序文が，E. F. Keller (2003), *Le Siècle du gène*, Paris, Gallimard にある．エヴリン・フォックス・ケラー『遺伝子の世紀』長野敬，赤松眞紀訳，青土社，2001 年．次の議論も参照．A. H. Sturtevant（1967）, « Mendel and the Gene Theory », *in* R. A. Brink, E. D. Styles (dir.), *Heritage from Mendel*, Madison, Wisconsin University Press, p. 11–15; R. Falk（2006）, « Mendel's Impact », *Science in Context*, vol. 19, p. 215–236. 以下の著者たちはメンデルが形質と因子の区別をしていたことに反論している．R. Olby（1979）, « Mendel No Mendelian ? », *Hist. Sci.*, vol. 17, p. 53–72; M. Blanc（1984）, « Gregor Mendel: la légende du génie méconnu », *La Recherche*, vol. 15, p. 46–59; J. W. Porteous（2004）, « We Still Fail to Account for Mendel's Observations », *Theor. Biol. Med. Model.*, n° 1, p. 4; A. H. Sturtevant（1966）, *A History of Genetics*, New York, Harper & Row, p. 32, ダウンロード先：www.esp.org/books/sturt/history. いわく「メンデルが使った言葉は Merkmal であり，これが形質と翻訳されたが，それは現在われわれが遺伝子と呼ぶものだった．（中略）ベイトソンは因子という言葉を使っていた」．スターテヴァントはここで誤りを犯している．メンデルは確かに Merkmal と Factor という二種類の言葉を異なる意味で使っている．遺伝学者 D. Hartl と歴史家 V. Orel が，

この点について興味深い行き届いた議論をしている．D. Hartl, V. Orel (1992), « What Did Gregor Mendel Think He Discovered ? », *Genetics*, vol. 131, p. 245-253.

メンデルの研究法と育種家たちとのつながり

S. Müller-Wille, V. Orel (2007), « From Linnaean Species to Mendelian Factors: Elements of Hybridism, 1751-1870 », *Ann. Sci.*, vol. 64, p. 171-215. このつながりに対する反論. J.-L. Serre (1981), « Mendel's Rejection of the Concept of Blending Inheritance », *Fundamenta Sci.*, vol. 2, p. 55-66.

定量的な研究法

F. Jacob (1970), 前掲書，p. 220-228. メンデルがウィーンで学んだ物理学については V. Orel, J.-R. Armogathe (1985), 前掲書，p. 41-44; R. M. Henig (2000), 前掲書，p. 54-56.

メンデルの研究の受け止められ方

一般に信じられているのとは逆に, メンデルのエンドウに関する研究は 19 世紀中にまったく知られていなかったわけではなく，何度も引用されている．M. Blanc (1984), 前掲書，V. Orel, J.-R. Armogathe (1985), 前掲書，p. 113-114; A. Brannigan (1985), « L'obscurcissement de Mendel », *in* M. Callon, B. Latour (dir.), *Les Scientifiques et leurs alliés*, Paris, Pandore, p. 53-86. ヤナギタンポポに関する研究は G. Mendel (1869), *Verhandlungen des naturforschenden Vereins in Brünn*, vol.8, p. 26-31, また 1866 年の論文と同じく www.mendelweb.org からダウンロードできる．G. A. Nogler (2006), « The Lesser-Known Mendel: His Experiments on *Hieracium* », *Genetics*, vol. 172, p. 1-6. も参照．メンデルのネーゲリに宛てた手紙の翻訳は J.-R. Armogathe *in* V. Orel, J.-R. Armogathe (1985), 前掲書，p. 123-169. 修道院長就任後のメンデルの研究と生活は V. Orel, J.-R. Armogathe (1985), 前掲書，vol.5; R. Moore (1962), *Les Précurseurs de la biologie*, Paris, Hachette; R.-M. Henig (2000), 前掲書.

フィッシャーによって始められた論争

R. A. Fisher (1936), « Has Mendel's Work Been Discovered ? », *Ann. Sci.*, vol.1, p. 115-137; A. Franklin *et al.* (2008), 前掲書．次も参照．A. H. Sturtevant (1966), 前掲書，p. 12-16; E. Novitski (2004), « On Fisher's Criticism of Mendel's Results with the Garden Pea », *Genetics*, vol. 166, p. 1133-1136.

細胞説

J. Rostand (1945), 前掲書，p. 129-137; R. Moore (1962), 前掲書，p. 81-114; F. Duchesneau (1987), *Genèse de la théorie cellulaire*, Paris, Vrin; G. Canguilhem (1992), 前掲書，p. 43-80; L. Wolpert (1996), « The Evolution of "the Cell Theory"», *Curr. Biol.*, vol. 6, p. 225-228; P. Mazzarello (1999), « A Unifying

Concept : The History of Cell Theory », *Nat. Cell. Biol.*, vol.1, p. E13-E15.

受精について

A. Derbès が 1847 年にウニの受精を記述しているが，一個の卵と一個の精子の受精という原則が受け入れられるには，O. Hertwig の研究を待たなければならない．E. Briggs, G. M. Wessel（2006），« In the Beginning... Animal Fertilization and Sea Urchin Development », *Dev. Biol.*, vol. 300, p. 15-26.

2章—2　メンデル再発見と古典遺伝学の主要概念のはじまり

「再発見」関連

H. De Vries（1900），« Sur la loi de disjonction des hybrides », *C. R. Hebd. Acad. Sci. Paris*, vol. 130, p. 845-847. 再録は M. Gans（2000），*C. R. Acad. Sci. Paris*, vol.323, p. 147-151; H. De Vries（1900），« Das Spaltungsgesetz der Bastarde », *Ber. Dt. Bot. Ges.*, vol. 18, p. 83-90; H. De Vries（1900），« Sur les unités des caractères spécifiques, et leur application à l'étude des hybrides », *Rev. Gen. Bot.*, vol. 12, p. 259-271. 再録は C. Lenay（1990），前掲書，p. 247-263; C. Correns（1900），« G. Mendels Regel über das Verhalten der Nachkommenschaft der Rassenbastarde », *Ber. Dt. Bot. Ges.*, vol.18, p. 158-168, 英語訳：L. K. Piternick, ダウンロード先：www.esp.org/foundations/genetics/classical; E. Tschermak（1900），« Ueber künstliche Kreuzung bei *Pisum sativum* », *Ber. Dt. Bot. Ges.*, vol. 18, p. 232-239, 英語訳は A. Hannah, ダウンロード先：www.esp.org/foundations/genetics/classical; A. H. Sturtevant（1966），前掲書，p. 25-32 はこれらの論文発表の経緯と，三人の各著者の実験がそれぞれに果たした役割，およびメンデルのテキストの読解をしている．また以下も参照．C. Lenay（2000），« Hugo De Vries : From the Theory of Intracellular Pangenesis to the Rediscovery of Mendel », *C. R. Acad. Sci. Paris*, vol.323, p. 1053-1060; J. Harwood（2000），« The Rediscovery of Mendelism in an Agricultural Context : Erich von Tschermak as Plant-Breeder », *C. R. Acad. Sci. Paris*, vol. 323, p. 1061-1067; H. J. Rheinberger（2000），« Mendelian Inheritance in Germany between 1900 and 1910. The Case of Carl Correns（1864-1933）», *C. R. Acad. Sci. Paris*, vol.323, p. 1089-1096; G. E. Allen（2003），« Mendel and Modern Genetics : the Legacy for Today », *Endeavour*, vol.27, p. 63-68; R. Falk（2009），*Genetic Analysis. A History of Genetic Thinking*, Cambridge, Cambridge University Press, p. 39-43.

1900 年以前のベイトソン

W. Bateson（1894），*Materials for the Study of Variation Treated with Especial*

regard to Discontinuity in the Origin of Species, London, MacMillan & Co, p. 574（著者訳）. W. Bateson（1899）, « Hybridisation and Cross-Breeding as a Method of Scientific Investigation », *J. Roy. Hort. Soc.*, vol. 24, p. 59-66.

1900 年のベイトソン

この段階でベイトソンがメンデルの論文を読んでいたとは考えにくい．そもそも *Comptes Rendus* に発表されたド・フリースの最初の論文で引用されていない．この伝説は妻のベアトリスによってその『回想録 *Mémoires*』の中でつくられた（A. G. Cock, D. R. Forsdyke（2008）, 前掲書, p. 202）．いずれにしても刊行された講演録はメンデルの研究に対する忠実で情熱のこもった報告となっている． W. Bateson（1900）, « Problems of Heredity as a Subject for Horticultural Investigation », *J. Roy. Hort. Soc.*, vol. 25, p. 54-61（著者訳）.

1900 年以降のベイトソンの遺伝学研究

1902 年から 1908 年にわたる研究は，« Reports to the Evolution Committee of the Royal Society » の形で出版されている．それらの一部は以下に転載されている．J. A. Peters（1959）, 前掲書，p. 42-60. 以下も参照．E. A. Carlson（1966）, *The Gene : A Critical History*, Philadelphia, W. A. Saunders, p. 41-43; A. G. Cock（1973）, « William Bateson, Mendelism and Biometry », *J. Hist. Biol.*, vol. 6, p. 1-36; A. G. Cock, D. R. Forsdyke（2008）, 前掲書， vol. 13, p. 339-377.

ベイトソンによるメンデル遺伝学の普及

W. Bateson（1902）, *Mendel's Principles of Heredity. A Defence*, Cambridge, Cambridge University Press, 増補再版． W. Bateson（1909）, *Mendel's Principles of Heredity*, Cambridge, Cambridge University Press. 以下も参照．E. A. Carlson（1966）, 前掲書，2-3 章， p. 9-22; L. Darden（1977）, « William Bateson and the Promise of Mendelism », *J. Hist. Biol.*, vol. 10, p. 87-106; A. G. Cock, D. R. Forsdyke（2008）, 前掲書， vol. 13, p. 305-306.

ヨハンセン

W. Johannsen（1903）, *Ueber Erblichkeit in Populationen und reinen Linien*, Jena, Gustav Fischer, 一部の英語訳は *Heredity in Populations and Pure Lines*, *in* J. A. Peters（1959）, 前掲書， p. 20-26; W. Johannsen（1909）, *Elemente der exakten Erblichkeistlehre*, Jena, Gustav Fischer, 著者訳は英語版による．L. C. Dunn（1965）, *A Short History of Genetics*, New York, MacGraw-Hill, p. 92; および A. Pichot（1999）, *Histoire de la notion de gène*, Paris, Flammarion, p. 111; W. Johannsen（1911）« The Genotype Conception of Heredity », *Am. Nat.*, vol.45, p. 129-159. 以下も参照．F. B. Churchill（1974）, « William Johannsen and the Genotype Concept », *J. Hist. Biol.*, vol.7, p. 5-30. エルンスト・マイアは，ヨハンセンが表現型と遺伝子型の区別を明確にしていなかったと述べたが［E.

Mayr (1989), *Histoire de la pensée biologique*, M. Blanc 訳, Paris, Fayard]. この解釈は次の論文で反駁された. N. Roll-Hanssen (1990), « Le croisement des lignées pures: de Johannsen à Nilsson-Ehle », *in* J.-L. Fischer, W. H. Schneider (1990), *Histoire de la génétique. Pratiques, techniques et théories*, Paris, ARPEM, p. 99–125.

ベイトソンの遺伝子概念

体節形成に関する彼の「振動」または「波動」理論に関しては W. Bateson (1907), « Facts Limiting the Theory of Heredity », *Science*, vol.26, p. 649–660; W. Bateson (1913), *Problems of Genetics*, New Haven, Yale University Press, 1979 年再録, vol. 2–3, p. 31–82. 以下も参照. W. Coleman (1970), « Bateson and Chromosomes: Conservative Thought in Science », *Centaurus*, vol. 15, p. 228–314; A. G. Cock, D. R. Forsdyke (2008), 前掲書. 脊椎動物の体節形成のしくみは O. Pourquié (2003), « The Segmentation Clock: Converting Embryonic Time into Spatial Pattern », *Science*, vol.301, p. 328–330.

ド・フリースと突然変異説

H. De Vries (1901), *Die Mutationstheorie*, Leipzig, Veit; H. De Vries (1925), « Mutant Races Derived from *Œnothera lamarckiana semigigas* », *Genetics*, vol. 10, p. 311–322. 以下も参照. J. Rostand (1945), 前掲書, p. 201–207; A. H. Sturtevant (1966), 前掲書, vol. 10, p. 62–66; E. A. Carlson (2004), 前掲書, p. 127–129. ド・フリースの突然変異概念とモーガン学派におけるその発展は E. A. Carlson (2011), *Mutation. The History of an Idea from Darwin to Genomics*, New York, CSH Laboratory Press.

ダーウィン主義者ハックスリーとゴールトンの跳躍進化概念

W. B. Provine (1971), *The Origin of Theoretical Population Genetics*, Chicago, University of Chicago Press, vol.1, p. 10–24.

メンデル主義者と生物統計学者の論争

以下に詳しく述べられている. W. B. Provine (1971), 前掲書, vol.2–4, p. 25–129; 直接的な証言の報告は以下を参照. R. C. Punnett (1950), « Early Days of Genetics », *Heredity*, vol.4, p. 1–10. 次も参照. A. G. Cock (1973), 前掲書, A. Normann (1992), « Darwinians at War. Bateson's Place in Histories of Darwinism », *Synthese*, vol.91, p. 53–73.

ケノー

L. Cuénot (1902), « La loi de Mendel et l'hérédité de la pigmentation chez les souris », *C. R. Acad. Sci. Paris*, vol.134, p. 779–781. 以下も参照. R. Goldschmidt (1951), « Lucien Cuénot, 1866–1951 », *Science*, vol.113, p. 309–310; A. Tétry (1971), « Lucien Cuénot aurait 102 ans », *Actes du XII ^e^ congrès d'histoire des*

sciences, Paris, 1968; D. Buican（1984）, *Histoire de la génétique et de l'évolutionnisme en France*, Paris, PUF, p. 89-100; J. Gayon, R. M. Burian（2000）, « France in the Era of Mendelism（1900-1930）», *C. R. Acad. Sci. Paris*, vol. 323, p. 1097-1106; S. Schmitt（2002）, « Lucien Cuénot et la théorie de l'évolution: un itinéraire hors norme », *Rev. Hist. CNRS*, ダウンロード先：http://histoire-cnrs-revues.org/535; A. Chomard-Lexa（2004）, *Lucien Cuénot. L'intuition naturaliste*, Paris, L'Harmattan, p. 86-103. ケノーの実験とモーガン学派による再解釈は A. H. Sturtevant（1966）, 前掲書，p. 52-53.

2章— 3　単位形質

キャッスル

W. E. Castle（1919）, « Piebald Rats and the Theory of Genes », *Proc. Nat. Acad. Sci. USA*, vol. 5, p. 126-130（著者訳）. 以下も参照．E. A. Carlson（1966）, *The Gene: A Critical History*, Philadelphia, Saunders, 10 章；C. P. Oliver（1967）, « Dogma and the Early Development of Genetics », *in* E. A. Brink, E. D. Styles（1967）, 前掲書，p. 4; R. Falk（2009）, 前掲書，p. 49-73. 1921 年，キャッスルの研究室にいた Leslie Dunn は，さまざまな動物で体色変異を調べ，これらが突然変異によるものであることを提唱した．彼はさらに「単位形質」という言葉も使ったが，それは遺伝子と同じ意味であった．L. C. Dunn（1921）, « Unit Character Variation in Rodents », *J. Mammol.*, vol.2, p. 125-140. 再録は J. A. Peters（1959）, 前掲書.

モーガン

T. H. Morgan（1928）, *The Theory of the Gene*, New Haven, Yale University Press, ダウンロード先：www.esp.org/foundations/genetics/classical（著者訳）．モーガン『遺伝子説』松浦一・権藤安武・明峰俊夫訳，三省堂，1944年．次も参照. E. A. Carlson（2011）, 前掲書，vol. 4.

ネオ・ラマルク主義者とそれぞれの立場

L. Loison（2010）, *Qu'est-ce que le néo-lamarckisme ?*, 前掲書，p. 151.

2章— 4　「数理的な」遺伝子と集団遺伝学

ヨハンセン

W. Johannsen（1909）, *Elemente der Exacten Erblichkeitslehre*, Jena, Gustav

Fischer, 3e éd., 1926, 仏語訳は A. Pichot (1999), 前掲書.

ハーディ－ワインベルグ

G. H. Hardy (1908), « Mendelian Proportions in a Mixed Population », *Science*, vol. 28, p. 49–50. W. Weinberg (1908), « Über den Nachweis der Vererbung beim Menschen », *Naturkunde in Württemberg*, vol. 64, p. 368–382, 英語訳は « On the Demonstration of Heredity in Man », *in* S. H. Boyer (1963), *Papers on Human Genetics*, Englewood Cliffs, N. J., Prentice-Hall, p. 4–15.

フィッシャー

メンデル主義のためにピアソンに拒否された論文は R. A. Fisher (1918), « The Correlation between Relatives on the Supposition of Mendelian Inheritance », *Trans. R. Soc. Edinburgh*, vol. 42, p. 321–341, ダウンロード先：http://digital.library.adelaide.edu.au/coll/special//fisher/genetics.html. 次も参照. R. A. Fisher (1930), *The Genetical Theory of Natural Selection*, Oxford, Clarendon Press. 引用文は序文（p. ix）より．フランスの家族手当については 12 章 « Conditions of Permanent Civilization », p. 261（著者訳）.

数理遺伝学

W. B. Provine (1971), 前掲書；P.-H. Gouyon, J.-P. Henry, J. Arnould (1997), 前掲書；K. Dronamraju (2011), *Haldane, Mayr and Beanbag Genetics*, Oxford, Oxford University Press.

自然集団の遺伝学

R. Goldschmidt (1940), *The Material Basis of Evolution*, Yale, Yale University Press, 1982 年に再編集され，S. J. Gould による序文が付された．p. 27–89. T. ドブジャンスキーについては，R. E. Kohler (1994), 前掲書，8 章を見よ．

総合説の古典

T. Dobzhansky (1937), *Genetics and the Origin of Species*, New York, Columbia University Press. Th. ドブジャンスキー『遺伝学と種の起原』駒井卓・高橋隆平訳，培風館，1958 年；J. Huxley (1942), *Evolution, the Modern Synthesis*, Cambridge, Mass., MIT Press; E. Mayr (1942), *Systematics and the Origin of Species from the Viewpoint of a Zoologist*, New York, Dover; G. G. Simpson (1944), *Tempo and Mode in Evolution*, P. de Saint-Seine による仏語訳，*Rythmes et modalités de l'évolution*, Paris, Albin Michel, 1950; G. L. Stebbins (1950), *Variation and Evolution in Plants*, New York, Columbia University Press. 総合説に対するゴルトシュミットの批判は R. Goldschmidt (1940), 前掲書.

木村資生

M. Kimura (1968), « Evolutionary Rate at the Molecular Level », *Nature*, vol. 217, p. 624–626; M. Kimura (1983), *The Neutral Theory of Molecular Evolution*,

Cambridge, Cambridge University Press. 木村資生『分子進化の中立説』向井輝美・日下部真一訳，紀伊國屋書店，1986 年．次も参照．P.-H. Gouyon, J.-P. Henry, J. Arnould（1997），前掲書，p. 157–167.

3 章―1　モーガンと遺伝の染色体説

遺伝学以前のモーガンについて

T. H. Morgan（1900），« Regeneration in Planarians », *Archiv. Entwicklungsmechanik Org.*, vol. 10, p. 58–109; A. Maxmen（2007），« The Sea Spider's Contribution to T. H. Morgan's（1866–1945）Development », *J. Exp. Zoolog. B. Mol. Dev. Evol.*, vol. 310B, p. 203–215.

モーガンがメンデル遺伝学にみせた初期のためらいについて

T. H. Morgan（1909），« What are "Factors" in Mendelian Explanations ? », *Am. Breeders Ass. Rep.*, vol. 5, p. 365–368, ダウンロード先：www.esp.org/foundations/genetics/classical/（著者訳）. さらに驚いたことに，モーガンはメンデルの「配偶子の純粋性の法則」つまり「第一の法則」を疑っていた．T. H. Morgan（1905），« The Assumed Purity of the Germ Cells in Mendelian Results », *Science*, vol. 22, p. 877–879. 次も参照．A. H. Sturtevant（2001），« Reminiscences of T. H. Morgan », *Genetics*, vol. 159, p. 1–5; K. R. Benson（2001），« T. H. Morgan's Resistance to the Chromosome Theory », *Nat. Rev. Genet.*, n° 2, p. 469–474; G. E. Allen（2003），前掲書；M. M. Green（2010），« 2010: A Century of Drosophila Genetics through the Prism of the *white* Gene », *Genetics*, vol. 184, p. 3–7.

ショウジョウバエを使った初期の実験

この時期のモーガンの初期の論文では，ショウジョウバエは *Drosophila ampelophila* と呼ばれていたが，のちに本来の *melanogaster* に改められた．A. H. Sturtevant（1966），前掲書，p. 43–44; G. E. Allen（1975），« The Introduction of Drosophila into the Study of Heredity and Evolution: 1900–1910 », *Isis*, vol. 66, p. 322–333; R. E. Kohler（1994），*Lords of the Fly*, Chicago, University of Chicago Press, p. 19–45; E. A. Carlson（2004），前掲書，13 章，p. 163–179. R. E. Kohler（1994），つづけて E. A. Carlson（2004）が，モーガンが最初に単離した突然変異体が *white* ではなく *with* であると断定したが，この考えは次の論文で反駁された．M. M. Green（1996），« The Genesis of the White-Eye Mutant in *Drosophila melanogaster*. A Reappraisal », *Genetics*, vol. 142, p. 329–331.

white と伴性突然変異体

T. H. Morgan（1910），« Sex-Limited Inheritance in Drosophila », *Science*, vol. 32,

p. 120–122; N. M. Stevens (1905), « Studies in Spermatogenesis with Special Reference to the “Accessory Chromosome”», *Carn. Inst. Wash.*, vol. 36, p. 1–33, ダウンロード先：www.esp.org/foundations/genetics/classical; N. M. Stevens (1908), « A Study of the Germ Cells of Certain Diptera, with Reference to the Heterochromosomes and the Phenomena of Synapsis », *J. Exp. Zool.*, vol. 5, p. 359–378. この問題に関する重要な議論と当時知られていた資料についての詳しい記述は W. Bateson (1909), 前掲書, 10 章, p. 164–195. 次も参照. W. Bateson, R. C. Punnett (1911), « The Inheritance of the Peculiar Pigmentation of the Silky Fowl », *J. Genet.*, vol. 1, p. 185–203. 以下も参照. E. B. Wilson (1909), « Recent Researches on the Determination and Heredity of Sex », *Science*, vol. 29, p. 53–70, この論文で初めて X と Y という名称が定義された；E. A. Carlson (2004), 前掲書, p. 159–160.

「ハエ部屋」の研究者同士の関係とそれぞれの役割

R. E. Kohler (1994), 前掲書. E. A. Carlson (2004), 前掲書, 13–16 章.

モーガングループがショウジョウバエの新規突然変異体をめざましく次々と単離したことについて

R. E. Kohler (1994), 前掲書, p. 46–49; M. M. Green (1996), 前掲書.

交叉と最初の遺伝子地図

F. A. Janssens (1909), « La théorie de la chiasmatypie », *La Cellule*, vol. 25, p. 389–411, ダウンロード先：www.archive.org/details/lacellule25lier, 次でも引用されている. A. H. Sturtevant (1966), 前掲書, p. 42–43, および E. A. Carlson (1966), 前掲書, p. 46. 次も参照. A. H. Sturtevant (1913), « The Linear Arrangement of Six Sex-Linked Factors in Drosophila, as Shown by their Mode of Association », *J. Exp. Zool.*, vol. 14, p. 43–59. 次にも再録されている. J. A. Peters (1959), 前掲書, p. 67–78.

（突然）変異の概念

T. H. Morgan (1928), 前掲書；H. Müller (1922), « Variation Due to Change in the Individual Gene », *Am. Nat.*, vol. 56, p. 32–50. E. A. Carlson (2011), 前掲書も見よ.

人工突然変異と細胞学的地図

H. Müller (1927), « Artificial Transmutation of the Gene », *Science*, vol. 66, p. 84–87; L. J. Stadler (1928), « Genetic Effects of X-Rays in Maize », *Proc. Nat. Acad. Sci. USA*, vol. 14, p. 69–75; T. S. Painter (1933), « A New Method for the Study of Chromosome Rearrangements and Plotting of Chromosome Maps », *Science*, vol. 78, p. 385–386. 再録は J. A. Peters (1959), 前掲書, p. 161–163. 次も参照. A. H. Sturtevant (1966), 前掲書, 12 章, p. 73–79. 細胞学的地図を遺伝子地図に対応づける方法については, J. Deutsch (1994), *La Drosophile. Des chromosomes*

aux molécules, Paris, John Libbey Eurotext, p. 11-15.

交叉の細胞学的証明

C. Stern (1931), « Zytologisch-genetische Untersuchungen als Beweise für die Morgansche Theorie des Faktorenaustausches », *Biol. Zentralbl.*, vol. 81, p. 547-587; H. B. Creighton, B. McClintock (1931), « A Correlation of Cytological and Genetical Crossing-Over in *Zea Mays* », *Proc. Nat. Acad. Sci. USA*, vol. 17, p. 492-497; C. Stern (1932), « Neure Ergebnisse über die Genetik und Zytologie des Crossing-Over », *Proc. 6th Congress Genet.*, p. 295-303; K. Sax (1932), « The Cytological Mechanism for Crossing-Over » *Proc. 6th Congress Genet.*, p. 256-271, ダウンロード先：www.esp.org/books/6th-congress. 以下も参照．B. Wallace (1992), 前掲書，p. 82-85; N. Fedoroff, D. Botstein (1992), *The Dynamic Genome*, New York, CSH Laboratory Press, p. 5-18; E. F. Keller (1999), *La Passion du vivant. La vie et l'œuvre de Barbara McClintock*, R.-M. Vassalo-Villaneau による仏語訳，Paris, Sanofi-Synthélabo, « Les empêcheurs de penser en rond », p. 34. エブリン・フォックス・ケラー『動く遺伝子――トウモロコシとノーベル賞』石館三枝子・石館康平訳，晶文社，1987 年．

モーガンの「遺伝子理論」

T. H. Morgan (1928), 前掲書.

3 章―2　モーガン流の遺伝子概念の危機

「偽対立遺伝子」と位置効果について

1929 年以降，E. M. East が，*white* 対立遺伝子シリーズに基づくモーガンの遺伝子概念を批判した．E. M. East, *The concept of the gene*, New York, George Banta Publishing, ダウンロード先：www.esp.org/foundations/genetics/classical. E. B. Lewis (1941), « Another Case of Unequal Crossing-Over in *Drosophila melanogaster* », *Proc. Nat. Acad. Sci. USA*, vol. 27, p. 31-35; M. M. Green, K. C. Green (1949), « Crossing-Over between Alleles at the *Lozenge* Locus in *Drosophila melanogaster* », *Proc. Nat. Acad. Sci. USA*, vol. 35, p. 586-591; E. B. Lewis (1950), « The Phenomenon of Position Effect », *Adv. Genet.*, vol. 3, p. 73-115; E. B. Lewis (1952), « The Pseudoallelism of *white* and *apricot* in *Drosophila melanogaster* », *Proc. Nat. Acad. Sci. USA*, vol. 38, p. 953-961; M. M. Green (1955), « Pseudoallelism and the Gene Concept », *Am. Natur.*, vol. 89, p. 65-71; E. B. Lewis (1955), « Some Aspects of Position Pseudoallelism », *Am. Natur.*, vol. 89, p. 73-89; A. H. Sturtevant (1966), 前掲書，14 章；M. M. Green (2010), 前掲書．次も参

照．H. D. Lipshitz（2007），*Genes, Development and Cancer. The Life and Work of Edward B. Lewis*, Dordrecht, Springer, section I. 植物の斑入りについては 1902 年以降コレンスによって遺伝学的に研究された．H.-J. Rheinberger（2000），前掲書．

ゴルトシュミットによる遺伝子概念の批判

R. Goldschmidt（1938），*Physiological Genetics*, New York, McGraw-Hill, とくに 4 章．

染色体外遺伝

B. Ephrussi, H. Hottinguer, J. Tavlitzki（1949），« Action de l'acriflavine sur les levures. II. Étude génétique de la mutation "petite colonie" », *Ann. Inst. Pasteur*, vol. 76, p. 419–450; R. Sager（1954），« Mendelian and Non Mendelian Inheritance of Streptomycin Resistance in *Chlamydomonas reinhardi* », *Proc. Nat. Acad. Sci. USA*, vol. 40, p. 356–362; J. Beisson, T. M. Sonneborn（1965），« Cytoplasmic Inheritance of the Organization of the Cell Cortex in *Paramecium aurelia* », *Proc. Nat. Acad. Sci. USA*, vol. 53, p. 275–282. 酵母やゾウリムシに関しては以下も参照．B. Ephrussi（1953），Nucleo-Cytoplasmic Relations in Micro-Organisms, Oxford, Clarendon Press; R. Sager, M. R. Ishida（1963），« Chloroplast DNA in *Chlamydomonas* », *Proc. Nat. Acad. Sci. USA*, vol. 50, p. 725–730; J. C. Mounolou, F. Lacroute（2005），« Mitochondrial DNA: An Advance in Eukaryotic Cell Biology in the 1960s », *Biol. Cell.*, vol. 97, p. 743–748; É. Meyer, J. Beisson（2005），« Épigénétique: la paramécie comme modèle d'études », *Méd./Sci.*, vol. 21, p. 377–383. 一般的議論については次を参照．J. Sapp（1990），« Hérédité cytoplasmique et histoire de la génétique », *in* J.-L. Fischer, W. H. Schneider（1990），前掲書，p. 231–246.

トウモロコシの転移因子

B. McClintock（1950），« The Origin and Behavior of Mutable Loci in Maize », *Proc. Nat. Acad. Sci. USA*, vol. 36, p. 344–355（著者訳）; B. McClintock（1992），interview, *in* N. Fedoroff, D. Botstein（1992），前掲書，p. 208–209（著者訳）. E. F. Keller（1999），前掲書を参照．

3 章—3　遺伝子機能の問題

トーマス・モーガン

T. H. Morgan（1934），*Embryology and Genetics*, New York, Columbia University Press, 仏語訳は J. Rostand, *Embriologie et génétique*, Paris, Gallimard, 1936; H.

Müller (1922), « Variation Due to Change in the Individual Gene », *Am. Nat.*, vol. 56, p. 32–50, ダウンロード先：www.esp.org/foundations/genetics/classical; R. Goldschmidt (1938), 前掲書.

エフリュッシとビードル

G. W. Beadle, B. Ephrussi (1935), « Transplantation in Drosophila », *Proc. Nat. Acad. Sci. USA*, vol. 21, p. 642–646; G. W. Beadle, B. Ephrussi (1937), « Development of Eye Colors in Drosophila », *Genetics*, vol. 22, p. 65–75 (*v*), 479–483 (*cn*); G. W. Beadle, B. Ephrussi (1937), « Développement des couleurs des yeux chez la drosophile: revue des expériences de transplantation », *Bull. biol. Fr. Belg.*, vol. 71, p. 54–90. 次も参照. A. H. Sturtevant, G. W. Beadle (1939), *An Introduction to Genetics*, Philadelphia, Saunders, p. 350–351; B. Wallace (1992), 前掲書, p. 100–103; R. E. Kohler (1994), 前掲書, 7章; P. Berg, M. Singer (2003), *George Beadle: An Uncommon Farmer*, New York, CSH Laboratory Press, 7 章.

「一遺伝子－一酵素」説

G. W. Beadle, E. L. Tatum (1941), « Genetic Control of Biochemical Reactions in *Neurospora* », *Proc. Nat. Acad. Sci. USA*, vol. 27, p. 499–506. 以下に再録されている. J. A. Peters (1959), 前掲書, p. 166–173. エフルッシがショウジョウバエの実験において「一遺伝子－一酵素」の考えを持っていたことをビードルが認識していたことについては, G. W. Beadle (1966), « Biochemical Genetics: Some Recollections », *in* J. Cairns, G. S. Stent, J. D. Watson (1966), *Phage and the Origin of Molecular Biology*, New York, CSH Laboratory Press, p. 23–32. 次も参照. M. Morange (1994) *Histoire de la biologie moléculaire*, Paris, La Découverte, 2 章；P. Berg, M. Singer (2003), 前掲書, 9–10 章.

ガロッド

A. E. Garrod (1902), « The Incidence of Alkaptonuria : A Study in Chemical Individuality », *Lancet*, vol. 2, p. 1616–1620. 以下に再録されている. S. H. Boyer (1963), 前掲書, p. 82–95; A. E. Garrod (1909), *Inborn Errors of Metabolism*, London, Henry Frowde-Hodder & Stoughton, 2e éd., 1923, ダウンロード先：www.esp.org/books/garrod/inborn-errors. ガロッドの研究が隠蔽されたことについては G. W. Beadle (1966), 前掲書.

3 章— 4　原核生物への遺伝学の拡張

1940 年以前のウジェーヌ・ウォルマンについて

C. Galperin (1987), « Le bactériophage, la lysogénie et son déterminisme

génétique », *Hist. Phil. Life Sci.*, vol. 9, p. 175-224; C. Galperin (1994), « Virus, provirus et cancer », *Rev. Hist. Sci.*, vol. 47, p. 7-56, ダウンロード先：http://persee.fr. 次も参照．H. Müller (1922), 前掲書．

細菌とファージの遺伝学について

F. Jacob, E. L. Wollman (1961), *Sexuality and the Genetics of Bacteria*, New York, Academic Press. F・ジャコブ　E・L・ウォルマン『細菌の性と遺伝』富沢純一・小関治男訳，岩波書店，1963年；W. Hayes (1964), The Genetics of Bacteria and their Viruses, Oxford, Blackwell, 2nd ed., 1968. 次も参照．G. S. Stent (1960), *Papers on Bacterial Viruses*, Boston, Little-Brown & Co; E. A. Adelberg (1964), *Papers on Bacterial Genetics*, Londres, Methuen; J. H. Taylor (1965), *Selected Papers on Molecular Genetics*, New York, Academic Press. これらの基本的論文集でとくに重要なのは，細菌の突然変異が薬剤による選択とは無関係であるというルリアとデルブリュック，あるいはレーダーバーグ夫妻による論文，また本章で引用した著者たち，すなわち，エイヴリー，レーダーバーグ，ヘイズ，ハーシー，ジャコブ，ウォルマン，ジンダーの主要論文である．ファージの分類については，P. Thuiller (1972), « Comment est née la biologie moléculaire », in *La Recherche en biologie moléculaire*, Paris, Seuil, 1975, p. 13-36. 次も参照．J. Lederberg (1987), « Genetic Recombination in Bacteria : A Discovery Account », *Ann. Rev. Genet.*, vol. 21, p. 23-46; M. Morange (1994), 前掲書，4-5章．デルブリュックとファージ研究グループについては，J. Cairns, G. S. Stent, J. D. Watson (1966), *Phage and the Origin of Molecular Biology*, New York, CSH Laboratory Press も参照のこと．

遺伝子の化学的担体としてのDNA

O. T. Avery, C. M. MacLeod, M. McCarty (1944), « Studies on the Chemical Nature of the Substance Inducing Transformation of Pneumococcal Types. Induction of Transformation by a Desoxyribonucleic Acid Fraction Isolated by *Pneumococcus* Type III », *J. Exp. Med.*, vol. 79, p. 137-158; A. D. Hershey, M. Chase (1952), « Independent Functions of Viral Proteins and of Nucleic Acids in the Growth of Bacteriophage », *J. Gen. Physiol.*, vol. 36, p. 39-56. エイヴリーと共同研究者の論文のダウンロード先：http://profiles.nlm.nih.gov/ps. この論文およびハーシーとチェイスの論文はJ. H. Taylor (1965), 前掲書にも再録されている．エイヴリーの実験とその受容，それにハーシーとチェイスの実験についての詳しい研究はM. Morange (1994), 前掲書，3-4章；B. Marty, H. Morin (2003), *Le Premier Âge de l'ADN*, Paris, Vuibert, 4章．エイヴリーの結論に対するビードルのためらいはG. W. Beadle (1945), « Biochemical Genetics », *Chem. Rev.*, vol. 37, p. 15-96. およびH. Müller (1947), « The Gene », *Proc. R. Soc. B.*, vol. 134, p.

1–37.

3 章— 5　機能単位としての遺伝子

エド・ルイスとポンテコルヴォおよびシス－トランス検定

E. B. Lewis (1954), « The Theory and Application of a New Method of Detecting Chromosomal Rearrangements in *Drosophila melanogaster* », *Am. Natur.*, vol. 88, p. 225–239. 以下に再録されている．H. D. Lipshitz (2007), 前掲書．次も参照．E. A. Carlson (1966), 前掲書，21–22 章，p. 184–209. G. Pontecorvo (1952), « The Genetic Formulation of Gene Structure and Action », *Adv. Enzymol.*, vol. 13, p. 121–149. 引用はこの論文から（著者訳）である．以下も参照．B. L. Cohen (2000), « Guido Pontecorvo "Ponte" 1907–1999 », *Genetics*, vol. 154, p. 497–501.

ベンザーとシストロン

ベンザーは 1955 年から 61 年にかけて，T4 ファージの rII 遺伝子座に関する組換えと突然変異の相補に関する実験を 3 本の論文として発表した．S. Benzer (1955), « Fine Structure of a Genetic Region in Bacteriophage » *Proc. Nat. Acad. Sci. USA*, vol. 41, p. 344–354; S. Benzer (1959), « On the Topology of the Genetic Fine Structure », *Proc. Nat. Acad. Sci. USA*, vol. 45, p. 1607–1620; S. Benzer (1961), « On the Topography of the Genetic Fine Structure », *Proc. Nat. Acad. Sci. USA*, vol. 47, p. 403–415. 以下も参照．F. L. Holmes (2000), « Seymour Benzer and the Definition of the Gene », *in* P. Beurton, R. Falk, H.-J. Reinburger (2000), *The Concept of the Gene in Development and Evolution*, Cambridge, Cambridge University Press, p. 115–155.

4 章— 1　遺伝子の分子的概念と遺伝情報

H. Müller (1922), « Variation Due to Change in the Individual Gene », *Am. Nat.*, vol. 56, p. 32–50, ダウンロード先：www.esp.org/foundations/genetics/classical.

E. Schrödinger (1944), *What is Life ?*, 仏語訳は L. Keffler, *Qu' est-ce que la vie ?*, Paris, Christian Bourgois, 1986. シュレーディンガー『生命とは何か——物理的に見た生細胞』岡小天・鎮目恭夫訳，岩波文庫，2008 年．次も参照．M. Morange (1994), 前掲書，p. 97–103. シュレーディンガーによるコードという比喩の導入に関する議論は E. F. Keller (1999), *Le Rôle des métaphores dans les progrès de la biologie*, Paris, Synthélabo, 2 章.

A. Boivin, R. Vendrely, C. Vendrely (1948), « L'acide désoxyribonucléique du noyau cellulaire, dépositaire des caractères héréditaires : arguments d'ordre analytique » *C. R. Acad. Sci. Paris*, vol. 226, p. 1061–1063. 以下に再録されている J. H. Taylor (1965), 前掲書, p. 197–199.

DNA 二重らせん

E. Chargaff (1950), « Chemical Specificity of Nucleic Acids and Mechanism of their Enzymatic Degradation », *Experientia*, vol. 6, p. 201–209; J. D. Watson, F. H. C. Crick (1953a) « Molecular Structure of Nucleic Acids. A Structure of Deoxyribose Nucleic Acid », *Nature*, vol. 171, p. 737–738 (著者訳); J. D. Watson, F. H. C. Crick (1953b), « Genetical Implications of the Structure of Deoxyribonucleic Acid », *Nature*, vol. 171, p. 964–967 (著者訳); J. D. Watson, F. H. C. Crick (1953c), « The Structure of DNA », *Cold Spring Harbor Symp. Quant. Biol.*, vol. 18, p. 123–131 (著者訳); M. H. F. Wilkins, A. R. Stokes, H. R. Wilson (1953), « Molecular Structure of Deoxypentose Nucleic Acid », *Nature*, vol. 171, p. 738–740; R. Franklin, R. G. Gosling (1953), « Molecular Configuration in Sodium Thymonucleate », *Nature*, vol. 171, p. 740–741. これらの論文は以下にあげる多くの論文集に収録されている：G. S. Stent (1960), 前掲書；E. A. Adelberg (1964), 前掲書；J. H. Taylor (1965), 前掲書；R. L. Baldwin *et al.* (1993), *Outstanding Papers in Biology*, London, Current Biology. クリックの論文と手紙は以下から公表されている. http://profiles.nlm.nih.gov/SC; R. フランクリンの手紙は http://profiles.nlm.nih.gov/ps/retrieve/Collection/CID/ KR から公表されている. 次も参照. J. D. Watson (1968), *La Double Hélice*, H. Joël 訳, Paris, Robert Laffont. J・D・ワトソン『二重らせん』江上不二夫・中村桂子訳, 講談社ブルーバックス, 2012 年. 日本で刊行された論文集としては次のシリーズがある. « Selected Papers in Biochemistry » 全 12 巻, 東京大学出版会, 1971–74 年；F. H. C. Crick (1989), *Une vie à découvrir*, A. Gerschenfeld 訳, Paris, Odile Jacob. フランシス・クリック『熱き探究の日々―― DNA 二重らせん発見者の記録』中村桂子訳, ティビーエス・ブリタニカ, 1989 年；R. Moore, *Les Fibres de la vie*, C. Vendrely 訳, Paris, Hachette; R. Olby (1974), 前掲書；M. Morange (1994), 前掲書；H. F. Judson (1996), 前掲書；B. Marty, H. Monin (2003), *Le Premier Âge de l'ADN*, 前掲書；J. D. Watson, A. Berry (2003), *ADN, le secret de la vie*, B. Hochstedt 訳, Paris, Odile Jacob. ジェームス・D・ワトソン, アンドリュー・ベリー『DNA (上) ――二重らせんの発見からヒトゲノム計画まで』『DNA (下) ――ゲノム解読から遺伝病, 人類の進化まで』青木薫訳, 講談社ブルーバックス, 2005 年.

遺伝暗号

上記の引用以外に，F. H. C. Crick, J. S. Griffith, L. E. Orgel（1957）, « Codes without Commas », *Proc. Nat. Acad. Sci. USA*, vol. 43, p. 416–421; F. H. C. Crick, L. Barnett, S. Brenner, R. J. Watts-Tobin（1961）, « General Nature of the Genetic Code for Proteins », *Nature*, vol. 192, p. 1227–1232; M. W. Nirenberg, J. H. Matthaei（1961）, « The Dependence of Cell-Free Protein Synthesis in *E. Coli* upon Naturally Occurring or Synthetic Polyribonucleosides », *Proc. Nat. Acad. Sci. USA*, vol. 47, p. 1588–1602; J. F. Speyer, P. Lengyel, C. Basilio, S. Ochoa（1962）, « Synthetic Polynucleotides and the Amino Acid Code », *Proc. Nat. Acad. Sci. USA*, vol. 48, p. 441–448. 遺伝暗号解明の歴史は C. R. Woese（1967）, *The Genetic Code*, New York, Harper & Row, 2 章．次も参照．E. C. Friedberg（2010）, *Sydney Brenner. A Biography*, New York, CSH Laboratory Press, 13–14 章．

遺伝子とタンパク質の共線性

C. Yanofsky, I. P. Crawford（1959）, « The Effect of Deletions, Point Mutations, Reversions and Suppressor Mutations on the Two Components of the Tryptophan Synthetase of *Escherichia Coli* », *Proc. Nat. Acad. Sci. USA*, vol. 45, p. 1016–1026, これは以下に再録．E. A. Adelberg（1964）, 前掲書．C. Yanofsky, D. R. Helinski, B. D. Maling（1961）, « The Effect of Mutation on the Composition and Properties of the A Protein of *Escherichia Coli* Tryptophan Synthetase », *Cold Spring Harbor Symp. Quant. Biol.*, vol. 26, p. 11–24, これは以下に再録．J. H. Taylor（1965）, 前掲書；C. Yanofsky, B. C. Carlton, J. R. Guest, D. R. Helinski, U. Henning（1964）, « On the Colinearity of the Gene Structure and Protein Structure », *Proc. Nat. Acad. Sci. USA*, vol. 51, p. 266–272.

「分子生物学のセントラルドグマ」

F. H. C. Crick（1958）, « On Protein Synthesis », *Symp. Soc. Exp. Biol.*, vol. 12, p. 138–163. 次も参照. M. Morange（1994）, 前掲書, p. 217–221; M. Morange（2006）, « The Protein Side of the Central Dogma: Permanence and Change », *Hist. Phil. Life Sci.*, vol. 28, p. 513–524.

4 章—2　オペロン革命

オペロンモデル

F. Jacob, D. Perrin, C. Sanchez, J. Monod（1961）, « L'opéron : groupe de gènes à l'expression coordonnée par un opérateur », *C. R. Acad. Sci. Paris*, vol. 250, p. 1727–1729; F. Jacob, J. Monod（1961）, « Genetic Regulatory Mechanisms in the

Synthesis of Proteins », *J. Mol. Biol*, vol. 3, p. 318–356, 以下に再録．J. H. Taylor (1965), 前掲書．引用はこの論文から（著者訳）．オペロンモデルについては多くの遺伝学の本に書かれている．フランス語で読めるものとしては，A. J. F. Griffiths *et al.* (2004), *Introduction à l'analyse génétique*, Bruxelles, De Boeck.

メッセンジャー RNA の着想と実証

S. Brenner, F. Jacob, M. Meselson (1961), « An Unstable Intermediate Carrying Information from Genes to Ribosomes for Protein Synthesis », *Nature*, vol. 190, p. 576–581, 以下に再録．J. H. Taylor (1965), 前掲書；F. Gros, H. Hiatt, W. Gilbert, C. G. Kurland, J. D. Watson (1961), « Unstable Ribonucleic Acid Revealed by Pulse Labelling of *Escherichia Coli* », *Nature*, vol. 190, p. 581–585. 次も参照．F. Jacob (1987), *La Statue intérieure*, Paris, Odile Jacob, 7 章．フランソワ・ジャコブ『内なる肖像――生物学者のオデュッセイア』辻由美訳，みすず書房，1989 年；E. C. Friedberg (2010), 前掲書，11–12 章．

発生におけるオペロンモデルの意義

F. Jacob, J. Monod (1961), « General Conclusions : Teleonomic Mechanisms in Cellular Metabolism, Growth and Differentiation », *Cold Spring Harbor Symp. Quant. Biol.*, vol. 26, p. 389–401; C. H. Waddington (1961), *New Patterns in Genetics and Development*, New York, Columbia University Press, p. 14–24. ウォディントン『発生と分化の原理』岡田瑛・岡田節人訳，共立出版，1968 年．

遺伝的プログラム概念に対する批判

E. F. Keller (1999), *Le Rôle des métaphores dans les progrès de la biologie*, Paris, Synthélabo, 3 章，p. 105–146; G. Longo, P.-E. Tendéro (2008), « L'incomplétude causale de la théorie du programme génétique en biologie moléculaire », *in* P.-A. Miquel (2008), 前掲書，8 章．メタファーの役割に関するバランスのとれた意見については，H. Atlan (2003), « La biologie entre déterminisme et métaphores », *in* M.-C. Maurel, P.-A. Miquel (dir.), *Nouveaux débats sur le vivant*, Paris, Kimé, p. 69–83; R. C. Lewontin (2003), *La Triple Hélice*, N. Witkowski 訳，Paris, Seuil. によれば，「科学研究のためにはメタファーに富んだ言葉を使わざるをえない」また「メタファーなしで自然を考えることが無理である以上，われわれには常に，影をつかまえたり現実をメタファーと思ったりする危険がある」(p. 9-10)．アンリ・アトランは遺伝的プログラムについて，次のように述べている．「プログラム (DNA) は，それを解読し実行するために，このプログラムの実行によってまさにつくられる装置 (RNA とタンパク質) の介在が必要である」H. Atlan (1972), *L'Organisation biologique et la théorie de l'information*, Paris, Seuil, 再版．2006, p. 255. (本書 6 章「あらためて遺伝子と遺伝情報を考える」も参照のこと)．

4章―3　発生遺伝学から「エボデボ」へ

20世紀初頭における発生学者による遺伝子概念の受容

ドイツでゴルトシュミットと，次いでアメリカでモーガンと共同研究をした遺伝学者C. Sternは述べている．「発生の遺伝学的基礎は実験生物学の範囲にないとまでは言えないにしても，かなり遠いように思う．1936年にシュペーマンは自身の全研究を集めて『発生理論の実験的アプローチ』を出版し，1939年にポール・ヴィスが『発生の原理』というすばらしい本を出版したが，二人とも遺伝子概念に触れておらず，これらの本の中で遺伝子という言葉を探すこと自体無駄である」［C. Stern (1968), « Genetics of Pattern », in *Genetic Mosaics and Other Essays*, Cambridge, Mass., Harvard University Press, p. 132 (著者訳)］．次も参照．C. Galperin (2000), « De l'embryologie expérimentale à la génétique du développement. De Hans Spemann à Antonio Garcia-Bellido », *Rev. Hist. Sci.*, vol. 53, p. 581-616.

ショウジョウバエの発生遺伝学の先駆者たち

E. B. Lewis (1978), « A Gene Complex Controlling Segmentation in *Drosophila* », *Nature*, vol. 276, p. 565-570. C. Nüsslein-Volhard, E. Wieschaus (1980), « Mutations Affecting Segment Number and Polarity in *Drosophila* », *Nature*, vol. 287, p. 795-801. 次も参照．J. Deutsch, C. Lamour-Isnard, J.-A. Lepesant, J.-A. (1995), « Le prix Nobel 95 attribué à Ed Lewis, Christiane Nüsslein-Volhard et Eric Wieschaus : la reconnaissance de la génétique du développement », *Méd./Sci.*, vol. 11, p. 1625-1628, および H. D. Lipshitz (2007), 前掲書，section II-III.

ショウジョウバエのホメオボックスの発見

M. P. Scott, A. J. Weiner (1984), « Structural Relationships among Genes that Control Development : Sequence Homology between the *Antennapedia*, *Ultrabithorax* and *fushi tarazu* Loci in *Drosophila* », *Proc. Nat. Acad. Sci. USA*, vol. 81, p. 4115-4119; W. McGinnis, M. S. Levine, E. Hafen, A. Kuroiwa, W. J. Gehring (1984), « A Conserved DNA Sequence in Homoeotic Genes of the *Drosophila* Antennapedia and Bithorax Complexes », *Nature*, vol. 308, p. 428-433.

他の後生動物へのホメオボックスの拡張

W. McGinnis, R. L. Garber, J. Wirz, A. Kuroiwa, W. J. Gehring (1984), « A Homologous Protein-Coding Sequence in *Drosophila* Homeotic Genes and its Conservation in Other Metazoans », *Cell*, vol. 37, p. 403-408.

「エボデボ」の誕生

K. Sander, U. Schmidt-Ott (2004), « Evo-devo Aspects of Classical and Molecular Data in a Historical Perspective », *J. Exp. Zool. B.* (*Mol. Dev. Evol.*), vol. 302, p. 69–91; M. Morange (2011), « Evolutionary Developmental Biology, its Roots and Characteristics », *Dev. Biol.*, vol. 357, p. 13–16.

シドニー・ブレナーと線虫の発生遺伝学

S. Brenner (1974), « The Genetics of *Caenorhabditis elegans* », *Genetics*, vol. 77, p. 71–94; ダウンロード先：www.wormbook.org. および E. C. Friedberg (2010), 前掲書 15–17 章.

動物の発生遺伝学のツールボックス

S. B. Carroll, J. K. Grenier, S. D. Weatherbee (2001), *From DNA to Diversity. Molecular Genetics and the Evolution of Animal Design*, Maiden, Blackwell Science.『DNA から解き明かされる　形づくりと進化の不思議』上野直人・野地澄晴監訳，羊土社，2003 年.

ジェフロワ・サンティレールと動物のボディプランの単位

E. Geoffroy Saint-Hilaire (1822), « Considérations générales sur la vertèbre », *Mém. Mus. hist. nat.*, vol. 9, p. 89–114, 以下に再録されている．H. Le Guyader (1998), *Geoffroy Saint-Hilaire, un naturaliste visionnaire*, Paris, Belin. 次も参照. E. M. De Robertis, Y. Sasai (1996), « A Common Plan for Dorsoventral Patterning in Bilateria », *Nature*, vol. 380, p. 37–40.

4章—4　分子レベルのブリコラージュ

エンドヌクレアーゼと制限現象

S. Linn, W. Arber (1968), « Host Specificity of DNA Produced by *Escherichia coli*. In Vitro Restriction of Phage fd Replicative Form », *Proc. Nat. Acad. Sci. USA*, vol. 59, p. 1300–1306; T. J. Kelly, Jr, H. O. Smith (1970), « A Restriction Enzyme from *Hemophilus influenzae*. II. Base Sequence of the Recognition Site », *J. Mol. Biol.*, vol. 51, p. 393–409; K. Danna, D. Nathans (1971), « Specific Cleavage of Simian Virus 40 DNA by Restriction Endonuclease of *Hemophilus influenzae* », *Proc. Nat. Acad. Sci. USA*, vol. 68, p. 2913–2917. 以下に再録．R. L. Baldwin *et al.* (1993), 前掲書，p. 21–26.

遺伝子工学

D. A. Jackson, R. H. Symons, P. Berg (1972), « Biochemical Method for Inserting New Genetic Information into DNA of Simian Virus 40 : Circular SV40 DNA

Molecules Containing Lambda Phage Genes and the Galactose Operon of *Escherichia coli* », *Proc. Nat. Acad. Sci. USA*, vol. 60, p. 2904–2909.

「遺伝子操作」をめぐる論争

J. Rifkin, T. Howard (1979), *Who Should Play God ?*, C. Portail 訳 *Les Apprentis Sorciers*, Paris, Ramsay, はしがき (M. Vanier), 序文および 1 章. T. ハワード, J. リフキン『遺伝工学の時代――誰が神に代りうるか』磯野直秀訳, 岩波現代選書, 1979 年. A. Mendel (1980), *Les Manipulations génétiques*, Paris, Seuil; M. Blanc (1986), *L'Ère de la génétique*, Paris, La Découverte, 第一部, p. 9–96; J. D. Watson, A. Berry (2003), 前掲書, 4 章 ; P. Berg, J. Mertz (2010), « Personal Reflections on the Origins and Emergence of Recombinant DNA Technology », *Genetics*, vol. 184, p. 9–17.

遺伝子導入

G. M. Rubin, A. C. Spradling (1982), « Genetic Transformation of *Drosophila* with Transposable Element Vectors », *Science*, vol. 218, p. 348–353. 次も参照. J. Deutsch (1994), 前掲書 ; R. D. Palmiter, R. L. Brinster *et al.* (1982), « Dramatic Growth of Mice that Develop from Eggs Microinjected with Metallothionein-Growth Hormone Fusion Genes », *Nature*, vol. 300, p. 611–615. 次も参照. R. D. Palmiter (1998), « Transgenic Mice-the early days », *Int. J. Dev. Biol.*, vol. 42, p. 847–854.

DNA の配列決定と DNA の増幅

F. Sanger, S. Nicklen, A. R. Coulson (1977), « DNA Sequencing with Chain-Terminating Inhibitors », *Proc. Nat. Acad. Sci. USA*, vol. 74, p. 5463–5467; A. M. Maxam, W. Gilbert (1977), « A New Method for Sequencing DNA », *Proc. Nat. Acad. Sci. USA*, vol. 74, p. 560–564; R. K. Saiki *et al.* (1985), « Enzymatic Amplification of β-Globin Genomic Sequences and Restriction Site Analysis for Diagnosis of Sickle Cell Anemia », *Science*, vol. 230, p. 1350–1354.

カール・ウーズと系統樹

C. R. Woese, O. Kandler, M. L. Wheelis (1990), « Towards a Natural System of Organisms : Proposal for Domains Archea, Bacteria and Eucarya », *Proc. Nat. Acad. Sci. USA*, vol. 97, p. 4576–4579.

全魚類の分子カタログ

R. D. Ward, R. Hanner, P. D. N. Hebert (2009), « The Campaign to DNA Barcode All Fishes, FISH-BOL », *J. Fish Biol.*, vol. 74, p. 329–356.

合成生物学

最近の総説としては次を参照. M. Gross (2011), « What Exactly Is Synthetic Biology ? », *Curr. Biol.*, vol. 21, p. R611–R614.「合成」細菌：D. G. Gibson *et al.*

(2010), « Creation of a Bacterial Cell Controlled by a Chemically Synthesized Genome », *Science*, vol. 329, p. 52–56.「合成」酵母：J. Dymond *et al.* (2011), « Synthetic Chromosome Arms Function in Yeast and Generate Phenotypic Diversity by Design », *Nature*, vol. 477, p. 471–476. 次も参照．B. Bensaude-Vincent, D. Benoit-Browaeys (2011), *Fabriquer la vie*, Paris, Seuil.

5章―1　分断された遺伝子と飛び回る遺伝子

イントロンの発見

A. Danchin, P. P. Slonimski (1984), « Les gènes en morceaux », *La Recherche*, vol. 15, p. 616–626; P. A. Sharp (2005), « The Discovery of Split Genes and RNA Splicing », *Trends in Bioch. Sci.*, vol. 30, p. 279–281; アデノウィルスについては，S. M. Berget, C. Moore, P. A. Sharp (1977), « Spliced Segments at the 5' Terminus of Adenovirus Late mRNA », *Proc. Nat. Acad. Sci. USA*, vol. 74, p. 3174–3175; L. T. Chow, R. E. Gelinas, T. R. Broker, R. J. Roberts (1977), « An Amazing Sequence Arrangement at the 5' Ends of Adenovirus 2 RNA », *Cell*, vol. 12, p. 1–8; 卵白アルブミン遺伝子については，R. Breathnach, C. Benoist, K. O'Hare, F. Gannon, P. Chambon (1978), « Ovalbumin Gene : Evidence for a Leader Sequence in mRNA and DNA Sequences at the Exon-Intron Boundaries », *Proc. Nat. Acad. Sci. USA*, vol. 75, p. 4853–4857; J. L. Mandel, R. Breathnach, P. Gerlinger, M. Le Meur, F. Gannon, P. Chambon (1978), « Organization of Coding and Intervening Sequences in the Chicken Ovalbumin Gene », *Cell*, vol. 14, p. 641–653; 酵母のミトコンドリア DNA のイントロンについては，P. P. Slonimski *et al.* (1978), « Mosaic Organization and Expression of the Mitochondrial DNA Region Controlling Cytochrome *c* Reductase And Oxidase III », *in* M. Bacilla, B. L. Horecker, A. O. M. Stoppani (dir.), *Biochemistry and Genetics of Yeast*, New York, Academic Press. ファージと細菌のイントロンについては，F. K. Chu, G. F. Maley, F. Maley, M. Belfort (1984), « Intervening Sequence in the Thymidylate Synthase Gene of Bacteriophage T4 », *Proc. Nat. Acad. Sci. USA*, vol. 81, p. 3049–3053; J. L. Ferat, F. Michel (1993), « Group II Self-Splicing Introns in Bacteria », *Nature*, vol. 364, p. 358–361; イントロンとエクソンという言葉は W. Gilbert (1978), « Why Genes in Pieces ? », *Nature*, vol. 271, p. 501. E. T. Wang *et al.* (2008), « Alternative Isoform Regulation in Human Tissue Transcriptomes », *Nature*, vol. 456, p. 470–476.

ショウジョウバエの *Dscam* 遺伝子

X.-L. Zhan *et al.* (2004), « Analysis of Dscam Diversity in Regulating Axon Guidance in *Drosophila* Mushroom Bodies », *Neuron*, vol. 43, p. 673–686.

遺伝子概念の境界の曖昧さ

M. Morange (1998), *La Part des gènes*, Paris, Odile Jacob; H. J. Rheinberger (2000), « Gene concepts », *in* P. Beurton *et al.* (2000), 前掲書, 10 章.

アロステリック効果

J. Monod, J.-P. Changeux, F. Jacob (1963), « Allosteric Proteins and Cellular Control Systems », *J. Mol. Biol.*, vol. 6, p. 306–329, 再録は R. L. Baldwin *et al.* (1993), 前掲書, p. 134–157. 次も参照. J. Monod, J. Wyman, J.-P. Changeux (1965), « On the Nature of Allosteric Transitions: A Plausible Model », *J. Mol. Biol.*, vol. 12, p. 88–118. 次も参照. J.-P. Changeux, D. Blangy (1969), « Un mécanisme moléculaire qui règle la vie: les interactions allostériques ». 以下に再録されている. *La Recherche en biologie moléculaire*, Paris, Seuil, 1975, p. 83–100.

シャペロン

最近の総説は F.-U. Hartl, M. Hayer- Hartl (2002), « Molecular Chaperones in the Cytosol : From Nascent Chain to Folded Protein », *Science*, vol. 285, p. 1852–1858; J. E. Rothman, R. Schekman (2011), « Molecular Mechanism of Protein Folding in the Cell », *Cell*, vol. 146, p. 851–854. タンパク質の構造／機能の関係に関する議論は M. Morange (2006), 前掲書.

プリオン

S. B. Prusiner (1982), « Novel Proteinaceous Infectious Particles Cause Scrapie », *Science*, vol. 316, p. 136–144; C. Cullin (1999), « Les prions, un mécanisme génétique conservé de l'homme à la levure », *Méd./ Sci.*, vol. 15, p. 97–101.

RNA 編集

トリパノソーマにおける RNA 編集の発見は R. Benne *et al.* (1986) « Major Transcript of the Frameshifted *CoxII* Gene from Trypanosome Mitochondria Contains Four Nucleotides that Are Not Encoded in the DNA », *Cell*, vol. 46, p. 819–826. 最近の総説は J. M. Gott, R. B. Emeson (2000), « Functions and Mechanisms of RNA Editing », *Ann. Rev. Genet.*, vol. 34, p. 499–531; V. Knoop (2011), « When You Can't Trust the DNA : RNA Editing Changes Transcript Sequences », *Cell. Mol. Life Sci.*, vol. 68, p. 567–586.

適応的免疫システムの起原

A. Agrawal, Q. M. Eastman, D. G. Schatz (1998), « Implications of Transposition Mediated by *V (D) J*-Recombination Proteins RAG1 and RAG2 for Origin of Antigen-Specific Immunity », *Nature*, vol. 394, p. 744–751.

飼い慣らされたトランスポゾン

J. N. Volff (2006), « Turning Junk into Gold : Domestication of Transposable Elements and The Creation of New Genes in Eukaryotes », *Bioessays*, vol. 28, p. 913–922.

ファージと植物ウィルスの自己形成

H. Fraenkel-Conrat, R. C. Williams (1955), « Reconstitution of Active Tobacco Mosaic Virus from its Inactive Protein and Nucleic Acid Components », *Proc. Nat. Acad. Sci. USA*, vol. 41, p. 690–698.

5章—2　ゲノム解読

ゲノム解読

F. Sanger *et al.* (1978), « The Nucleotide Sequence of Bacteriophage PhiX174 », *J. Mol. Biol.*, vol. 125, p. 225–246; ヴェンターグループによるインフルエンザ菌ゲノムは R. D. Fleischmann *et al.* (1995), « Whole-Genome Random Sequencing and Assembly of *Haemophilus influenzae* Rd », *Science*, vol. 269, p. 496–512; 酵母ゲノム：A. Goffeau *et al.* (1996), « Life with 6000 Genes », *Science*, vol. 274, p. 546–567; 線虫ゲノム：The *C. Elegans* Sequencing Consortium (1998), « Genome Sequence of the Nematode *C. elegans* : A Platform for Investigating Biology », *Science*, vol. 282, p. 2012–2018; ショウジョウバエゲノム：M. D. Adams *et al.* (2000), « The Genome Sequence of *Drosophila melanogaster* », *Science*, vol. 287, p. 2185–2195; シロイヌナズナゲノム：The Arabidopsis Genome Initiative (2000), « Analysis of the Genome Sequence of the Flowering Plant *Arabidopsis thaliana* », *Nature*, vol. 408, p. 796–815.

ヒトゲノム

ゲノムデータ本体については，J. C. Venter *et al.* (2001) « The Sequence of the Human Genome », *Science*, vol. 291, p. 1304–1350; International Human Genome Sequencing Consortium (2001), « Initial sequencing and analysis of the Human Genome », *Nature*, vol. 409, p. 864–921; International Human Genome Sequencing Consortium (2004), « Finishing the Euchromatic Sequence of the Human Genome », *Nature*, vol. 431, p. 932–945. 歴史については，R. L. Sinsheimer (1989), « The Santa Cruz Workshop-May 1985 », *Genomics*, vol. 5, p. 954–956; J. D. Watson, A. Berry (2003), 前掲書，7章．議論については，A. Danchin (1998), *La Barque de Delphes. Ce que révèle le texte des génomes*, Paris, Odile Jacob; R. Lewontin (2000), *It Ain't Necessarily So. The Dream of the Human Genome and*

Other Illusions, London, Granta Books, 5 章．2011 年に一連の論文が以下の特集号に収載された．*Science*, vol. 331, « A Celebration of the Genome ».

「非コード」DNA の重要性

C. B. Lowe *et al.* (2011), « Three Periods of Regulatory Innovation During Vertebrate Evolution », *Science*, vol. 333, p. 1019-1024.

5 章— 3　RNA 革命

RNA 革命

J. Couzin (2002), « Breakthrough of the Year. Small RNAs Make Big Splash », *Science*, vol. 298, p. 2296-2297; P. A. Sharp (2009), « The Centrality of RNA », *Cell*, vol. 136, p. 577-580.

逆転写

D. Baltimore (1970), « RNA-Dependent DNA Polymerase in Virions of RNA Tumour Viruses », *Nature*, vol. 226, p. 1208-1211; H. M. Temin, S. Mizutani (1970), « Viral RNA-Dependent DNA Polymerase : RNA-Dependent DNA Polymerase in Virions of Rous Sarcoma Virus », *Nature*, vol. 226, p. 1211-1213.

miRNA に対応する線虫「遺伝子」

R. C. Lee, R. L. Feinbaum, V. Ambros (1993), « The *C. elegans* Heterochronic Gene *Lin-4* Encodes Small RNAs with Antisense Complementarity to *Lin-14* », *Cell*, vol. 75, p. 843-854.

RNA 干渉

A. Fire, S. Q. Xu, M. K. Montgomery, S. A. Kostas, S. E. Driver, C. C. Mello (1998), « Potent and Specific Genetic Interference by Double-Stranded RNA in *Caenorhabditis elegans* », *Nature*, vol. 391, p. 806-811.

広汎な転写

P. P. Amaral, M. E. Dinger, T. E. Mercer, J. S. Mattick (2008), « The Eukaryotic Genome as an RNA Machine », *Science* vol. 319, p. 1787-1789; J. Berretta, A. Morillon (2009), « Pervasive Transcription Constitutes a New Level of Eukaryotic Genome Regulation », *EMBO Rep.*, vol. 10, p. 973-982.

非コード RNA の制御的役割

最近の総説は K. V. Morris (2011), « The emerging role of RNA in the regulation of Gene Transcription in Human Cells », *Sem. Cell. Dev. Biol.*, vol. 22, p. 351-358.

5章—4　エピジェネティクス

エピジェネティクスの歴史

M. Morange（2005）, « Quelle place pour l'épigénétique ? », *Méd./Sci.*, vol. 21, p. 367–369; J. Deutsch（2011）, « Épigénétique et le concept de gène », *Mém. Acad. Agricult.*（印刷中）.

ウォディントンとエピジェネティック・ランドスケープ

C. H. Waddington（1953）, « Epigenetics and Evolution » *in* R. Brown, J. F. Danielli（dir.）, *Evolution*, Symposia of the Society for Experimental Biology, vol. 7, Cambridge, Cambridge University Press; C. H. Waddington（1957）, *The Strategy of the Genes*, London, Allen & Unwin. 次も参照：J. M. W. Slack（2002）, « Conrad Hal Waddington. The Last Renaissance Biologist ? », *Nat. Rev. Genet.*, vol. 3, p. 889–895; C. Galperin（2008）, « Conrad Hal Waddington, ou comment l'épigénétique réunit embryologie et génétique », *in* P.-A. Miquel（2008）, 前掲書. 6章.

クロマチンの歴史

ヌクレオソームを発見した共同研究者による優れた解説は D. E. Olins, A. L. Olins（2003）, « Chromatin History: Our View from the Bridge », *Nat. Rev. Mol. Cell. Biol.*, vol. 4, p. 809–814.

クロマチンと転写

S. C. R. Elgin（1990）, « Chromatin Structure and Gene Activity », *Curr. Op. Cell. Biol.*, vol. 2, p. 437–445.

「ヒストンコード」

T. Jenuwein, C. D. Allis（2001）, « Translating the Histone Code », *Science*, vol. 293, p. 1074–1080; B. M. Turner（2002）, « Cellular Memory and the Histone Code », *Cell*, vol. 111, p. 285–291; N. L. Young, P. A. DiMaggio, B. A. Garcia（2010）, « The Significance, Development and Progress of High-Throughput Combinatorial Histone Code Analysis », *Cell. Mol. Life Sci.*, vol. 67, p. 3983–4000.

DNA のメチル化

最近の総説は，J. A. Law, S. E. Jacobsen（2010）, « Establishing, Maintaining and Modifying DNA Methylation Patterns in Plants and Animals », *Nat. Rev. Genet.*, vol. 11, p. 204–211. 次も参照．A. Bird（2001）, « Methylation Talk between Histones and DNA », *Science*, vol. 294, p. 2113–2115; X. Cheng, R. M. Blumenthal（2010）, « Coordinated Chromatin Control: Structural and Functional Linkage of DNA and Histone Methylation », *Biochemistry*, vol. 49, p. 2999–3008.

エピジェネティックな伝達

エピジェネティックな遺伝の重要性が最初に指摘された論文．R. Holliday（1987），« The Inheritance of Epigenetic Defects », *Science*, vol. 238, p. 163–170. 次も参照．E. Jablonka, M. J. Lamb（2006）. *Evolution in Four Dimensions. Genetic, Epigenetic, Behavioral and Symbolic Variation in the History of Life*, Cambridge, Mass., MIT Press; E. Jablonka, G. Raz（2009），« Transgenerational Epigenetic Inheritance: Prevalence, Mechanisms and Implication for the Study of Heredity and Evolution », *Quat. Rev. Biol.*, vol. 84, p. 131–176. この論文の中で，著者たちは次のような定義を与えている．「広い意味でのエピジェネティックな遺伝とは，DNA 配列の差異に基づかない遺伝のことである」（著者訳）．

ホソバウンランにおけるエピ突然変異

P. Cubas, C. Vincent, E. Coen（1999），« An Epigenetic Mutation Responsible for Natural Variation in Floral Symmetry », *Nature*, vol. 401, p. 157–160.

マウスにおけるパラ変異

M. Rassoulzadegan, V. Gandjean, P. Gounon, S. Vincent, I. Gillot, F. Cuzin（2006），« RNA-Mediated Non-Mendelian Inheritance of an Epigenetic Change in the Mouse », *Nature*, vol. 441, p. 469–474.

6 章　あらためて遺伝子と遺伝情報を考える

文化的遺伝

E. Danchin *et al.*（2011），« Beyond DNA: Integrating Inclusive Inheritance into an Extended Theory of Evolution », *Nat. Rev. Genet.*, vol. 12, p. 475–486.

DNA の幾何学的シグナル

F. H. C. Crick（1977），« General Model for Chromosomes in Higher Organisms », *Nature*, vol. 234, p. 24–27. エド・ルイスは最後まで，彼がショウジョウバエの *bithorax* 複合体で発見した遺伝的因子を「遺伝子」と呼び続けたが，それには翻訳されない制御因子も含まれた．しかし E. Sanchez-Herrero, G. Morata と共同研究者たちはこの複合体が 3 個の機能単位，つまり 3 つのコード「遺伝子」しか含まないことを示していた．

「ファジーな」遺伝子概念

1992 年以降，バーグとシンガーは「古典的な」遺伝学の教科書の中で，本来の分子的な定義との関係で，遺伝子の境界の問題を取り上げている．P. Berg, M. Singer, *Dealing with Genes. The Language of Heredity*, Mill Valley, University Science Books-Blackwell, p. 134–135. バーグ，シンガー『分子遺伝

学の基礎』岡山博人監訳，東京化学同人，1994 年．次も参照．M. Morange (1998), *La Part des gènes*, 前掲書, 1-2 章；H. Pearson (2006), « What Is a Gene ? », *Nature*, vol. 441, p. 399-401.

エピジェネティックな暗号

B. M. Turner (2007), « Defining an Epigenetic Code », *Nat. Cell. Biol.*, vol. 9, p. 2-6.

遺伝子概念を問い直す

W. M. Gelbart (1998), « Databases in Genomic Research », *Science*, vol. 282, p. 659-661 (著者訳); A. Pichot (1999), *Histoire de la notion de gène*, Paris, Flammarion; J.-J. Kupiec, P. Sonigo (2000), *Ni dieu ni gène. Pour une autre théorie de l'hérédité*, Paris, Seuil; E. F. Keller (2003), 前掲書，E. F. Keller (2004), *Expliquer la vie*, Paris, Gallimard, S. Schmitt 訳，4 章；J.-J. Kupiec (2008), *L'Origine des individus*, Paris, Fayard.

情報理論と生物学

A. Lwoff (1962), *Biological Order*, Cambridge, Mass., MIT Press, p. 93-94 (著者訳)，アンドレ・ルヴォフ『生命の秩序』松代愛三・下平正文訳，みすず書房，1973 年；C. E. Shannon (1948), « A Mathematical Theory of Communication », *The Bell System Technical J.*, vol. 27, p. 379-423, 623-656; A. Turing, J.-Y. Girard (1995), *La Machine de Turing*, Paris, Seuil.

生物学における情報の問題

とくに Michel Kerszberg と Pierre-Henri Gouyon に感謝する．

著者略歴

(Jean Deutsche)

パリ第6大学で遺伝子学の教授をつとめ，現在は名誉教授．比較発生遺伝学（エボデボ）という新しい分野を推進し，発生生物学と進化論を統合することを目指した．ミトコンドリアの遺伝の研究やHox遺伝子などの解析を中心として活躍．著書に『カタツムリをタクシーだと思っている虫』2007（ジャン・ロスタン賞2008）などがある．2009年，コレージュ・ド・フランスで講演．ラジオ放送France cultureに出演したり，雑誌『*Pour la science* 科学のために』2013年秋号の遺伝子に関する特集号で序文を執筆したりと，啓蒙分野でも活躍する，フランスを代表する遺伝・発生学者．

訳者略歴

佐藤直樹〈さとう・なおき〉1953年，岐阜市生まれ．東京大学理学部生物化学科卒業，同大学院理学系研究科博士課程生物化学専門課程単位修得退学，同年，理学博士．東京学芸大学教育学部助教授，埼玉大学理学部教授をへて，2004年より東京大学大学院総合文化研究科広域科学専攻生命環境科学系教授．専門は植物ゲノム・生命科学・生物情報解析など．著書に『エントロピーから読み解く 生物学――めぐりめぐむ わきあがる生命』（裳華房），『40年後の『偶然と必然』――モノーが描いた生命・進化・人類の未来』（東京大学出版会），共著に『光合成の科学』（同），『生命科学』（羊土社）など．訳書にクリストフ・マラテール『生命起源論の科学哲学――創発か，還元的説明か』（みすず書房）など．

ジャン・ドゥーシュ
進化する遺伝子概念
佐藤直樹訳

2015年 9月15日 印刷
2015年 9月25日 発行

発行所 株式会社 みすず書房
〒113-0033 東京都文京区本郷5丁目32-21
電話 03-3814-0131(営業) 03-3815-9181(編集)
http://www.msz.co.jp

本文組版 キャップス
本文印刷・製本所 中央精版印刷
扉・表紙・カバー印刷所 リヒトプランニング

ISBN 978-4-622-07914-9
[しんかするいでんしがいねん]